镁合金激光表面处理研究

高亚丽 著

吉林省科技发展计划资助项目（20180520065JH）
吉林省教育厅"十三五"科学技术研究资助项目（JJKH20180427KJ）
吉林市科技发展计划项目（201831785）

科学出版社

北 京

内 容 简 介

本书分为上下两篇：上篇介绍镁合金作为工程材料，采用激光熔凝技术、激光熔覆技术在其表面制备的改性层，并对改性层的显微组织、硬度、耐磨性和耐蚀性进行分析，总结激光功率和激光扫描速度对镁合金改性层组织和性能的影响规律，解决镁合金作为工程材料耐磨性、耐蚀性差的问题；下篇介绍镁合金作为医用金属材料，采用激光熔覆技术、等离子喷涂技术在其表面制备具有较好生物相容性的涂层，并总结激光功率、激光扫描速度对镁合金生物涂层耐蚀性、生物相容性的影响规律，解决镁合金作为硬组织植入材料的快速降解问题。

本书适合长期从事镁合金表面改性研究的工作者、研究生和本科生阅读，也可为一线工作人员提供参考。

图书在版编目（CIP）数据

镁合金激光表面处理研究/高亚丽著. —北京：科学出版社，2019.4
ISBN 978-7-03-060952-6

Ⅰ.①镁⋯ Ⅱ.①高⋯ Ⅲ.①镁合金-金属加工 Ⅳ.①TG146.2

中国版本图书馆 CIP 数据核字（2019）第 058779 号

责任编辑：牛宇锋 赵晓廷 / 责任校对：王萌萌
责任印制：吴兆东 / 封面设计：蓝正设计

科学出版社 出版
北京东黄城根北街 16 号
邮政编码：100717
http://www.sciencep.com

北京中石油彩色印刷有限责任公司 印刷
科学出版社发行 各地新华书店经销

*

2019 年 4 月第 一 版 开本：720×1000 B5
2020 年 1 月第二次印刷 印张：9
字数：171 000
定价：80.00 元
（如有印装质量问题，我社负责调换）

前　言

镁合金是工程材料中最轻的金属，密度约为铝合金的 2/3、钢铁的 1/4，若能用来制造或代替现役的一些构件或零件，可使整个结构的重量大大减轻。由于我国制造业轻量化的要求，镁合金代替铝合金甚至钢铁件已成为产业发展的主要趋势。镁合金具有良好的减振特性，可用于制造既要求重量轻又要求减振的零件和工具；另外，镁合金具有良好的低温性能，可用于制作低温下工作的零件。镁合金作为医用金属材料，其资源丰富、价格低廉；镁合金的密度与人的密质骨密度($1.75g/cm^3$)极为接近，远低于 Ti6Al4V 合金的密度($4.47g/cm^3$)。镁合金的杨氏弹性模量约为 45GPa，虽然不到 Ti6Al4V 合金弹性模量(109～112GPa)的 1/2，但能有效缓解应力遮挡效应，因此镁合金被誉为"21 世纪最具发展潜力的金属生物材料"。

因此，镁合金无论是作为工程材料还是作为医用金属材料，其应用都引起了材料界的极大关注，世界范围内已掀起研究镁合金的热潮。

镁合金低的耐蚀性和力学性能制约了其性能优势的发挥，尤其在含有氯离子的腐蚀环境中更是如此，而人体的生理环境又是一个对硬组织植入材料要求苛刻的腐蚀环境。因此，对镁合金耐磨性、耐蚀性和生物相容性的研究，以及表面改性技术的完善成为解决镁合金在工程应用领域和医用金属材料领域发展的关键。

鉴于镁合金作为工程材料和医用金属材料的发展优势与不足，本书采用激光表面改性技术，提高镁合金表面耐磨性、耐蚀性和生物相容性。对于镁合金作为工程材料的表面改性研究，主要采用激光熔凝技术、激光熔覆技术处理镁合金，系统研究熔凝层、低熔点铝合金涂层、$Cu_{58.1}Zr_{35.9}Al_6$ 非晶涂层、高熔点 Al_2O_3 陶瓷涂层的组织和性能特征及其随激光工艺参数的变化规律，以期使镁合金作为工程材料的表面改性技术研究更为深入。对于镁合金作为医用金属材料的表面改性研究，采用激光熔凝技术、等离子喷涂技术和激光熔覆技术提高镁合金表面的耐蚀性和生物相容性，较为系统地研究改性层的组织和性能特征，以期使医用镁合金的表面改性技术研究进一步深入。

本书是作者长期从事镁合金激光表面处理研究工作的总结，内容主要取材于作者发表的学术论文和博士学位论文，并结合近期国内外相关研究现状及研究成果进行系统阐述和完善。

本书在编写过程中得到多位镁合金研究领域同行专家的热情鼓励和同事的帮助，与书中引用观点相关的参考文献已按顺序列于书后，在此向相关文献作者以及支持作者研究工作的同行致以真诚的谢意。同时，本书的出版也得到了吉林省科技发展计划资助项目、吉林省教育厅"十三五"科学技术研究资助项目和吉林市科技发展计划项目的资助，在此表示感谢。

镁合金激光表面改性研究涉及材料物理与化学、材料加工工艺学和金属学等多门学科，由于作者水平有限，难免存在不当之处，恳请广大读者提出宝贵意见。

目 录

前言

上篇 镁合金作为工程材料的激光表面处理

第1章 镁合金特性及激光表面改性技术 ········· 3
1.1 镁合金的特点和应用 ········· 3
1.2 镁合金表面处理研究现状 ········· 4
    1.2.1 化学表面处理 ········· 4
    1.2.2 镀层处理 ········· 5
    1.2.3 机械表面处理 ········· 6
    1.2.4 新兴的载能束表面改性处理 ········· 6
1.3 镁合金激光表面处理研究现状 ········· 6
    1.3.1 激光表面熔凝 ········· 6
    1.3.2 激光表面合金化 ········· 7
    1.3.3 激光表面熔覆 ········· 8
1.4 上篇研究内容 ········· 11
参考文献 ········· 11

第2章 镁合金激光熔凝处理 ········· 16
2.1 引言 ········· 16
2.2 实验材料和方法 ········· 16
    2.2.1 实验材料 ········· 16
    2.2.2 激光熔凝实验 ········· 18
    2.2.3 组织分析方法 ········· 19
    2.2.4 性能分析方法 ········· 19
2.3 低激光能量密度(13～33J/mm^2)下熔凝层组织和性能分析 ········· 20
    2.3.1 熔凝层组织分析 ········· 20
    2.3.2 激光功率对熔凝层组织的影响 ········· 24
    2.3.3 激光功率对熔凝层性能的影响 ········· 27
2.4 高激光能量密度(133～333J/mm^2)下熔凝层组织和性能分析 ········· 35

  2.4.1 激光扫描速度对熔凝层组织的影响 ·················· 35
  2.4.2 激光扫描速度对熔凝层硬度的影响 ·················· 36
  2.4.3 激光扫描速度对熔凝层磨损特性的影响 ············ 36
  2.4.4 激光扫描速度对熔凝层腐蚀特性的影响 ············ 37
 2.5 高、低激光能量密度下熔凝层组织、性能比较 ············ 37
 2.6 本章小结 ·· 38
 参考文献 ·· 38

第3章 镁合金激光熔覆低熔点铝合金涂层 ···················· 40
 3.1 激光熔覆 Al-Si 合金涂层 ···································· 40
  3.1.1 实验材料和方法 ·· 40
  3.1.2 涂层组织分析 ··· 40
  3.1.3 结合区和热影响区组织分析 ··························· 44
  3.1.4 激光功率对涂层组织的影响 ··························· 45
  3.1.5 激光功率对涂层性能的影响 ··························· 48
 3.2 激光熔覆 Al-Cu 合金涂层 ··································· 53
  3.2.1 实验材料和方法 ·· 53
  3.2.2 涂层组织分析 ··· 53
  3.2.3 激光功率对涂层组织的影响 ··························· 56
  3.2.4 激光功率对涂层性能的影响 ··························· 58
 3.3 本章小结 ·· 60
 参考文献 ·· 61

第4章 镁合金激光熔覆低熔点 Cu-Zr-Al 非晶合金涂层 ······ 62
 4.1 实验材料和方法 ··· 62
  4.1.1 熔覆材料成分设计及制备 ······························ 62
  4.1.2 激光熔覆实验 ··· 63
 4.2 涂层组织分析 ·· 63
 4.3 激光工艺参数对涂层组织的影响 ·························· 68
  4.3.1 激光功率对涂层非晶含量的影响 ···················· 68
  4.3.2 激光扫描速度对涂层非晶含量的影响 ·············· 69
 4.4 激光工艺参数对涂层性能的影响 ·························· 70
  4.4.1 激光扫描速度对涂层硬度和弹性模量的影响 ····· 70
  4.4.2 激光扫描速度对涂层耐磨性的影响 ················· 72
  4.4.3 激光扫描速度对涂层耐蚀性的影响 ················· 74
 4.5 本章小结 ·· 75

参考文献 ··· 76
第 5 章　镁合金激光熔覆高熔点 Al$_2$O$_3$ 陶瓷涂层 ································· 77
5.1　实验材料和方法 ··· 77
5.2　激光熔覆陶瓷涂层温度场模拟 ··· 78
　　5.2.1　温度场模拟方法 ·· 78
　　5.2.2　温度场模拟结果 ·· 81
5.3　等离子喷涂陶瓷涂层和激光熔覆陶瓷涂层的组织分析 ························· 83
　　5.3.1　等离子喷涂陶瓷涂层组织分析 ·· 83
　　5.3.2　激光熔覆陶瓷涂层组织分析 ·· 85
5.4　等离子喷涂陶瓷涂层和激光熔覆陶瓷涂层的性能分析 ························· 88
　　5.4.1　硬度分析 ··· 88
　　5.4.2　耐磨性分析 ··· 90
　　5.4.3　耐蚀性分析 ··· 94
5.5　本章小结 ··· 96
参考文献 ··· 96

下篇　镁合金作为医用金属材料的激光表面处理

第 6 章　医用镁合金的性能和表面处理现状 ······································ 101
6.1　医用镁合金的特性和应用领域 ·· 101
　　6.1.1　医用镁合金的特性 ··· 101
　　6.1.2　医用镁合金的应用领域 ··· 102
6.2　医用镁合金的研究现状 ··· 103
6.3　下篇研究内容 ··· 104
参考文献 ·· 105

第 7 章　实验材料和方法 ··· 108
7.1　实验材料 ··· 108
　　7.1.1　基体材料 ··· 108
　　7.1.2　涂层材料 ··· 108
7.2　实验过程 ··· 108
　　7.2.1　激光熔覆实验 ··· 108
　　7.2.2　等离子喷涂实验 ··· 108
7.3　组织、性能分析方法 ··· 108
　　7.3.1　组织分析方法 ··· 108

7.3.2 性能分析方法 ·· 109
参考文献 ·· 111

第8章 医用镁合金激光熔凝研究 ······································ 112
8.1 实验方法 ··· 112
8.2 结果和分析 ·· 112
8.2.1 熔凝层组织分析 ·· 112
8.2.2 原始镁合金及熔凝层钙磷沉积分析 ··················· 113
8.2.3 原始镁合金及熔凝层血液相容性分析 ················ 113
8.2.4 原始镁合金及熔凝层细胞相容性分析 ················ 114
8.3 本章小结 ··· 115
参考文献 ·· 115

第9章 医用镁合金等离子喷涂羟基磷灰石涂层研究 ················ 116
9.1 实验材料和方法 ··· 116
9.2 结果和分析 ·· 116
9.2.1 等离子喷涂层显微组织分析 ····························· 116
9.2.2 等离子喷涂层弹性模量及硬度分析 ···················· 118
9.2.3 等离子喷涂层耐蚀性分析 ································ 120
9.2.4 等离子喷涂层钙磷沉积分析 ····························· 121
9.2.5 等离子喷涂层血液相容性分析 ·························· 122
9.2.6 等离子喷涂层细胞相容性分析 ·························· 123
9.3 本章小结 ··· 123
参考文献 ·· 124

第10章 医用镁合金激光制备羟基磷灰石涂层研究 ·················· 125
10.1 激光熔覆羟基磷灰石涂层研究 ······························· 125
10.1.1 实验材料和方法 ·· 125
10.1.2 结果和分析 ·· 126
10.1.3 结论 ··· 128
10.2 激光重熔羟基磷灰石涂层研究 ······························· 128
10.2.1 实验材料和方法 ·· 128
10.2.2 结果和分析 ·· 129
10.2.3 结论 ··· 135
10.3 本章小结 ·· 136
参考文献 ·· 136

上 篇

镁合金作为工程材料的激光表面处理

第 1 章 镁合金特性及激光表面改性技术

本章主要介绍镁合金及激光表面改性技术有关的基础知识，包括镁合金作为工程材料的优缺点、应用及发展趋势；激光表面改性技术分类、特征及作用在镁合金表面的发展现状。由于篇幅所限，仅列出主要参考文献，读者可根据需要查阅相关文献。

1.1 镁合金的特点和应用

镁是地球上储量最丰富的元素之一，我国的菱镁矿储量占世界的 60%以上，矿石品位超过 40%[1]。纯镁在工业领域中的应用比较少，镁主要与一些金属元素如铝、锌、锰、稀土等合金化后得到高强度轻质合金，这些合金主要通过固溶强化和沉淀强化来提高材料的性能。镁合金是结构材料中最轻的金属，密度约为铝合金的 2/3、钢铁的 1/4，可用来制造或代替现役的一些构件或零件，能使整个结构的重量大大减轻。由于我国制造业轻量化的要求，用镁合金代替其中的铝合金甚至钢铁件，已成为镁产业发展的主要趋势[2-5]。此外，镁合金具有良好的减振特性，可用于制造既要求重量轻又要求减振的零件和工具，如手电锯、汽车变速箱等。专家预测，镁合金将成为未来汽车转向盘骨架及整个转向系统的理想材料[6]。镁合金还具有很强的屏蔽电磁干扰能力；易于回收，符合环保要求；具有极好的切削加工性能；尺寸稳定性高；铸造性能好；具有良好的低温性能，可用于制作低温下工作的零件；具有超导性和储氢性等，因此其应用范围可进一步扩大到电子、通信和医疗等领域[7-10]。因此，镁合金引起了材料界的极大关注，世界范围内已掀起研究镁合金的高潮。

当前镁合金的研究和开发主要集中在镁-铝系、镁-锌系和镁-稀土系合金。镁-铝系合金是发展最早、应用较广的镁合金，由于含少量锌和锰，有时也称为 Mg-Al-Zn-Mn 合金。该合金具有优良的铸造性能、较高的室温强度、良好的抗腐蚀性能和成本较低等优点。在所有压铸镁铝合金中，美国牌号的 AZ91(Mg-Al-Zn) 系列是压铸镁合金中强度最高、耐蚀性最好、应用最广，且可以通过热处理强化的一种合金[11]。美国早期牌号的 AZ92A、AZ91B、AZ91C 以及我国的 ZM5 合金，由于含较多的 Fe、Ni、Cu 等杂质元素，耐蚀性比较低，极大地限制了它的发展。按美国 ASTM 标准牌号，AZ91HP(high pure, HP)、AZ91D 与 AZ91E 等都对 Fe、

Ni、Cu 等杂质元素做了进一步的限制(表 1.1)，其耐蚀性得到显著改善，甚至比铝合金 A380 的耐蚀性还好，因此被视为理想的汽车减重材料[12]，尤其是高纯 AZ91HP 镁合金在盐雾实验中的耐蚀性大约是 AZ91C 的 100 倍，超过了铝合金 A380，且比低碳钢还要好得多[13]。因此，可以预测在未来的镁合金开发及应用中，AZ91HP 等高纯镁合金将占主导地位。

表 1.1 AZ91HP 和 ZM5 镁合金的化学成分(质量分数)　　　　(单位：%)

镁合金	Al	Zn	Mn	Si	Cu	Ni	Fe	其他
AZ91HP	8.97	0.714	0.265	0.0078	0.0019	0.001	0.0073	0.01
ZM5	7.5~9.0	0.2~0.8	0.15~0.5	0.25	0.1	0.01	0.08	<0.1

镁合金作为轻质合金具有较大优势，其用量也在逐年增加。从目前镁合金材料的研究及应用开发情况来看，需要紧迫解决的问题主要有以下两个方面：①镁合金的化学稳定性低，电极电位很负(−2.34V)，在酸性和中性环境中的耐蚀性差，长期以来极大地限制了镁合金在工程领域的广泛应用，使镁合金的优良性能得不到充分发挥；②镁合金的常温力学性能，特别是强度和塑韧性有待进一步提高[14-16]。因此，如何提高镁合金的耐蚀性和表面抗磨性是推广镁合金应用必须解决的问题[17-21]。

1.2 镁合金表面处理研究现状

针对上面所提到的限制镁合金广泛应用的耐磨性、耐蚀性极差的问题，已有不少文献报道可借助化学转化、阳极氧化、微弧氧化、离子注入以及激光束等表面改性方法来提高镁合金的表面性能[22-24]。此外，还有真空蒸发沉积、溅射沉积以及化学气相沉积等各种镀膜技术应用到镁合金的表面处理中[25-26]。下面着重介绍镁合金表面处理方面的研究现状。根据镁合金表面处理工艺的机理及特点，可以将其归纳为化学表面处理、镀层处理、机械表面处理和新兴的载能束表面改性处理等方面。

1.2.1 化学表面处理

1) 化学转化处理

镁合金的化学转化处理主要有铬化处理和磷化处理两种[27-28]，其优点是操作简单、设备便宜。铬化处理是将镁合金零部件放到以铬酸盐和重铬酸盐为主要成分的水溶液中进行表面清洗，通过形成 $Mg(OH)_2$ 和 Cr 的化合物对表面产生一定的钝化。但是，近几年研究者发现铬化处理时所产生的六价铬离子对人体有害，而且环境污染严重，正逐渐被其他方法取代。磷化处理可形成与基体结合牢固、吸附性好、耐蚀性好的薄层(4~6μm)，因为很薄，所以不能单独作为镁合金的保护层，但可作为加工工序间的短期防锈或涂漆前的底层。

2) 阳极氧化及等离子微弧阳极氧化处理

阳极氧化技术是一种应用广泛的传统技术。美国 AVCO 公司和 Allison 公司采用 HAE 阳极氧化处理在镁合金表面得到 10~30μm 厚的膜层[29-30]，喷漆后盐雾实验可达 500h。阳极氧化与化学氧化相比，其耐蚀性和硬度稍高，但具有脆性大、材料疲劳强度低和成本高等缺点。阳极氧化进一步可发展成为等离子微弧阳极氧化技术。等离子微弧阳极氧化是一种将零件在电解质水溶液中置于阳极，利用电化学方法使铝、镁、钛、钽等材料的表面微孔中产生火花或微弧放电，在金属表面生成陶瓷膜层的表面改性处理技术。但镁的微弧氧化陶瓷层没有铝的微弧氧化陶瓷层致密，是一种多孔结构，需要复合封装处理。

1.2.2 镀层处理

1) 金属镀层

在基体上形成金属涂层最简单有效的方法是镀覆，包括电镀和化学镀。实际上为镁及其合金寻找一种合适的电镀工艺是不容易的，因为在空气中镁表面极易形成氧化层，在电镀前必须去除。然而，镁合金表面的氧化层形成很快，所以需要在前处理过程中形成一个新膜层，该膜层既能阻止氧化层的形成，且其本身在电镀过程中又容易除去，一般是通过置换的方法在基体表面形成一层疏松的表面膜层。另外，由于绝大多数其他金属的电位都比镁合金的正，镁合金与其他金属一同使用时易发生电偶腐蚀，所以形成的镀层必须均匀致密且具有一定的厚度，否则将导致腐蚀电流增大。迄今还没有一种镀层能让镁合金抵抗海洋或盐雾条件下的腐蚀，这显著限制了镁及其合金镀层在汽车、航空及海洋工业上的应用。

2) 扩散涂层

扩散涂层是通过让试样与涂层粉末接触后进行热处理而形成的涂层，这个过程中通过在高温下涂层材料与基体材料的内部扩散而形成合金。20 世纪末，Shigemastu 等[31]报道了镁合金的铝扩散涂层，用铝粉将镁合金覆盖后在惰性气氛和温度为 450℃条件下进行热处理，镁合金表面形成厚度为 750μm 的 AlOMg 金属间化合物。孙安[32]通过在镁合金表面扩散铝形成一个表面层来提高镁合金的耐腐蚀性能，该表面扩散层能有效防止镁与其他金属接触时发生的电偶腐蚀，在不破坏甚至能提高原有镁基体材料表面导电性和力学性能的前提下，可改善材料的耐腐蚀性能。

3) 有机涂层

有机涂层可提高耐腐蚀性能、摩擦磨损性能或装饰性能，涂漆是一种常用的有机涂层方法。对镁金属进行有机涂覆一般是选择一种合适的底漆，如第一层是厚度为25～30μm的环氧树脂；第二层是厚度为25～30μm的丙烯酸树脂。结果证明，氧含量和铬含量高的转化膜层与较厚的阳极氧化膜层的附着力和膜层外观较好。这样的涂层在经受1000h的盐雾实验或3天大气暴露实验后没有出现水泡和腐蚀，表明涂层具有良好的耐腐蚀性能。粉末涂层也是形成有机涂层的一种方法，首先将添加颜料的树脂粉末涂于基体表面，然后加热使其熔合形成均匀、无孔的膜层。

1.2.3 机械表面处理

表面形变强化是借助改变材料的表面完整性来改变疲劳断裂和应力腐蚀断裂抗力以及高温抗氧化能力。机械表面处理导致表面形变强化工艺技术有以下几种：喷丸强化、滚压强化、内孔挤压强化、振动冲击强化等。喷丸强化和滚压强化主要用于镁合金表面形变强化，这是因为镁是密排六方结构，滑移系比较少，塑性变形通过滑移和孪晶来实现。冯忠信等[33-34]通过ZM1镁合金的表面滚压强化实验发现，缺口疲劳极限可提高200%以上，并指出表层高的残余应力是提高缺口疲劳极限和大幅度降低疲劳缺口敏感度的主导因素。

Altenberger 和 Scholtes[35]研究了机械表面处理(喷丸强化)优化后进行热处理对疲劳行为的影响，发现AZ31镁合金通过控制热处理温度和处理时间能够提高疲劳强度，这与传统观点相反。因为热处理后会引起应力释放和位错密度降低，对疲劳强度有不良的影响，但他们认为由间隙和沉淀引起的应力时效影响提高了镁合金的微观硬度和屈服强度，而这方面作用大于前者，从而延长了材料的疲劳寿命。

1.2.4 新兴的载能束表面改性处理

以上用于镁合金表面改性的传统方法都存在一些局限性，或对环境造成一定的污染或制得的涂层厚度、致密性有限。而新兴的载能束表面改性处理，尤其是激光表面处理技术由于对环境几乎没有负面影响且可获得一定厚度的改性层，所以从众多表面处理技术中脱颖而出。随着激光器、机器人和自动控制技术的发展，激光表面改性技术将向着大功率、自动化、智能化的方向迈进。

1.3 镁合金激光表面处理研究现状

1.3.1 激光表面熔凝

激光表面熔凝[36]是利用较高能量密度的激光束直接照射金属表面，使一定厚度的表层瞬间熔化，之后依靠处于低温基体自身的冷却作用，使熔池急冷，从而使表面得到强化的方法。这种处理不仅可以使表面组织发生较大变化，包括晶粒细化、显微偏析减少，还可生成非平衡相等，这些都可引起表面强化。

目前，国内外对镁合金激光熔凝进行了大量研究，近几年除采用常规激光熔凝处理外[37-48]，还新开展了如下具有特点的激光熔凝处理。

Zhou 等[49]在交变磁场作用下对 AZ91D 镁合金进行激光熔凝处理，与无交变磁场相比，交变磁场作用下激光熔凝层的硬度为 70.8HV，无交变磁场下熔凝层的硬度为 60.9HV，硬度有所提高。同时，交变磁场作用下激光熔凝层的摩擦系数和磨损质量分别为 0.2175 和 0.1616g，而无交变磁场时熔凝层的摩擦系数和磨损质量分别降低了 14.8%和 6.1%，腐蚀电动势提高了 18.7%，腐蚀电流降低了 4%。结果表明，交变磁场作用下进行激光熔凝处理，熔凝层的硬度、耐磨性和耐蚀性均有显著提高。

葛亚琼[50]改变熔凝层的常规空冷方式，依靠氩气、水、淬火油、液氮冷却介质改变激光熔凝处理后熔凝层的冷却方式。与室温氩气保护条件相比，液氮辅助冷却条件下，镁合金表面形成一层较薄的改性层，晶粒显著细化，并在其上表层形成了大量"蠕虫状"的纳米晶，局部还出现少量的非晶组织，其显微硬度为 90～148HV，比在室温氩气保护条件(硬度为 60～105HV)下提高了约 40%。在氩气、水、淬火油和液氮中冷却，镁合金颗粒的晶粒逐渐减小，$\beta\text{-Mg}_{17}\text{Al}_{12}$ 的含量逐渐降低，熔凝层的显微硬度分别为 53.7HV、56.0HV、60.1HV 和 73.2HV，液氮冷却介质的镁合金颗粒的显微硬度分别是其他三种介质(氩气、水、淬火油)的 1.36 倍、1.31 倍和 1.22 倍。另外，根据不同冷却介质，可将熔凝层冷却方式分为空冷、深冷、极冷和极冷+深冷四种冷却方式，其中，极冷激光熔凝层的表层晶粒比空冷激光熔凝层、深冷激光熔凝层更加细小；极冷+深冷激光熔凝层的组织比极冷激光熔凝层的组织更均匀，表层由于冷却速率的加快几乎没有树枝晶形成，但形成了均匀细小的激冷等轴晶[51-52]。

1.3.2 激光表面合金化

激光表面合金化[53]是通过熔化基体表面预先涂覆的薄涂层和部分基体，或者在表面熔化的同时注入某些粉末，薄涂层和基体表面在熔池中液态混合后发生快速凝固，从而在基体表面形成一层具有期望性能的合金薄层，以提高基体性能。

在镁合金表面采用合金化处理的研究较少，主要的研究是利用注入硬质颗粒来提高合金化层的耐磨性。Majumdar 等研究镁合金表面合金化多年，并得到了一些积极的结果[54-60]。他们采用 Al、Cu、Ni、Si、SiC、TiC 等，在 AZ91D、AZ91E

等镁合金表面进行表面合金化处理。结果表明，合金化层形成硬质相 Mg_2Si、SiC、TiC 等颗粒相，从而可提高镁合金表面硬度和耐磨性。

关于镁合金激光合金化处理，近几年与前几年相比，合金化层成分基本没有变化，主要是以铝粉为主要成分进行的 Al-Cu、Al-Si、Al-Zn 等激光合金化处理[61-63]。其中，丁阳喜等[61]研究表明，合金化层除了 α-Mg、β-$Mg_{17}Al_{12}$ 外，还含有 $CuMg_2$，且 β-$Mg_{17}Al_{12}$ 含量远高于基体材料；涂层的显微硬度由 50HV 提高到 210～265HV，为基体的 4～5 倍。

Dziadoń 等[63]研究表明，合金化层因为存在 Al_3Mg_2、$Mg_{17}Al_{12}$ 和 Mg_2Si 相而具有较高的硬度和耐磨性。

1.3.3 激光表面熔覆

激光表面熔覆(又称激光涂覆)[64-66]是指用不同的填料方式在被涂覆基体表面放置选择的涂层材料，然后经激光辐照使之和基体表面薄层同时熔化，并快速凝固后形成稀释度极低、与基体材料冶金结合的表面涂层，从而显著改善基体材料表层性能的工艺方法。

激光熔覆实验研究可以追溯到 20 世纪 70 年代初，美国 Gnanamuthu 最早发明并从事这项技术的研究工作。它适用于局部易磨损、腐蚀和受冲击的零件；加工过程容易实现自动化控制，生产周期短、效率高、能量消耗少；基体热变形小、表面层组织均匀细小而致密、涂层孔隙度小、涂层与基体可实现良好的冶金结合。但由于受当时技术条件的限制，在最初一段时间这项技术发展得十分缓慢。70 年代后半期，出于对战略材料的考虑，以及对半导体激光退火的广泛研究，该项技术得到迅速发展，到 80 年代初已发展成为材料表面工程领域的前沿课题。随着激光熔覆研究的不断深入，无论是在熔覆材料体系的开发及工艺研究方面，还是在熔覆硬件系统的设计方面，都取得了相当大的成就。国内外对于镁合金的激光表面处理，与激光熔凝、激光合金化相比，激光熔覆研究相对比较活跃，镁合金的激光熔覆主要围绕提高镁合金的耐磨性、耐蚀性进行研究。

1. 镁合金激光熔覆低熔点合金涂层

由于激光熔覆工艺对涂层材料和基体材料的物理和化学相容性要求较高，对于镁合金的激光熔覆，研究者最初大多开展了镁合金表面激光熔覆镁、铝合金等低熔点涂层的研究。20 世纪 90 年代中期，Subramanian 等[67]和 Wang 等[68]对镁及其合金进行了激光熔覆 Mg-Zr 和 Mg-Al 的研究，为了解决氧化问题，他们均采用真空装置。结果表明，合金涂层中的晶粒得到明显细化，腐蚀性能比镁合金基体显著提高。20 世纪初期，Wang 等[69]利用 YAG 激光器在 95.2Mg-4.8Zn

的镁合金上进行了激光熔覆与基体同成分的 Mg 粉,在最佳工艺参数(P=250W,V=90mm/min)下,熔覆层的显微硬度由基体的 60HV 提高到熔覆层的 80~90HV。

镁合金激光熔覆低熔点 Al、Mg 合金制备工艺简单、成形容易,但提高材料硬度幅度一般,为了进一步提高镁合金的硬度和耐磨性,近几年研究者在铝合金基础上加入了一些硬质颗粒,以提高镁合金表面硬度和耐磨性,主要开展激光熔覆 Al+稀土、Al+Si+Al_2O_3 和 Al+Al_2O_3 的研究。陈长军等[70]利用 5kW CO_2 激光器对 ZM5 镁合金进行了 Al+Y 复合粉末的激光熔覆处理,结果表明熔覆层主要由 $Mg_{17}Al_{12}$+Al_4MgY 相组成,熔覆层的硬度(122~180HV)比基体(60~80HV)约提高 100HV。姚军[71]利用 5kW Nd:YAG 激光器在 AZ91D 镁合金上制备 Al+Si+Al_2O_3 (7∶1∶2)熔覆层,在最佳激光工艺参数(P=2~2.5kW,V=300mm/min)下,熔覆层硬度由基体的 60~70$HV_{0.05}$ 增加到 210$HV_{0.05}$。

近年,关于镁合金激光熔覆低熔点涂层材料成分基本没有变化,仍然主要以 Al、Al+Cu、Al+Si、Al+Al_2O_3[72-74]为主。刘奋军等[75]采用激光熔覆和搅拌摩擦加工相结合的方法在 AZ31B 镁合金表面分别制备了 Cu+Al 改性层和 Si+Al 改性层,经搅拌摩擦加工之后添加的 Si+Al 混合粉末改性层的显微硬度最高可达 2.96GPa,比母材提高了 385.3%;添加 Cu+Al 混合粉末改性层的自腐蚀电位最高可达–0.975V,比母材提高了 37.4%。朱红梅等[76]对镁合金进行激光熔覆 Al-Cu 合金研究,由于晶粒细化和新形成的金属间化合物的共同作用,合金熔覆层的显微硬度平均值 (392.2HV)为 AZ91 镁合金基体硬度(约 70HV)的 5.6 倍。熔覆层的腐蚀电位比基体的腐蚀电位提高 179.2mV,腐蚀电流密度比基体的腐蚀电流密度降低两个数量级,耐蚀性得到较大改善。刘德坤等[77]利用功率分别为 2.5kW 和 3.0kW 的激光束,将质量比为 1.0∶3.0∶0.5 的 Al、Ti 和 TiB_2 混合粉熔覆在 AZ31 镁合金表面,讨论激光功率对涂层组织和性能的影响。

2. 镁合金激光熔覆非晶涂层

然而,从目前镁合金激光熔覆低熔点涂层来看,所形成的涂层均为晶体相组成的涂层,而对近几年在钢材等基体上逐渐发展起来的具有较好耐磨性、耐蚀性的非晶涂层研究较少。作者所在课题组于 2006 年对镁合金进行了激光熔覆 Cu-Zr-Al 非晶复合涂层研究,相应研究结果将在第 4 章阐述。另外,朱红梅课题组[78]在 AZ80 镁合金表面进行激光熔覆 $Al_{95-x}Cu_xZn_5$(x = 5%、10%、15%,原子分数),从而获得 Al 基纳米-非晶复合涂层。结果表明,当涂层成分选为 $Al_{85}Cu_{10}Zn_5$ 时,涂层主要由非晶相、纳米晶、$Mg_{32}Al_{47}Cu_7$、$Mg_{32}(Al, Zn)_{49}$、$AlMg_4Zn_{11}$ 和 Al_2CuMg 组成,涂层硬度为 364$HV_{0.05}$,比原始镁合金明显提高,同时耐磨性提高

5.5 倍。Huang 等[79-80]研究了 20%SiC 添加对 AZ91D 镁合金表面激光熔覆 $Cu_{47}Ti_{34}Zr_{11}Ni_8$ 涂层的影响。结果表明，涂层主要由非晶相和金属间化合物组成；添加的 SiC 一方面可以通过自身的分解形成硅化物和碳化物来提高非晶形成能力，另一方面可作为增强相来提高涂层的硬度和耐磨性。

3. 镁合金激光熔覆高熔点涂层

在镁合金表面进行激光熔覆高熔点涂层的研究较少，这主要是因为镁合金熔点较低，高熔点涂层和镁合金基体间熔点相差较大，熔覆过程中易使基体产生过熔、塌陷现象，所以在镁合金表面激光熔覆高熔点涂层的制备具有一定的困难。通常，采取过渡层方法来缓解涂层和基体间因热物性差异所产生的热应力，以克服上述困难。但是，尽管找到了解决办法，镁合金表面激光熔覆高熔点涂层的研究仍相对较少。作者在镁合金表面进行了激光熔覆 Al_2O_3 陶瓷涂层的研究，相关内容将在第 5 章详细阐述。胡乾午等[81]首先在 Mg-SiC 复合材料表面喷涂钢+铜+铜锌合金的连续过渡合金涂层，然后进行激光重熔高熔点不锈钢合金层处理。结果发现，熔覆层与基体为冶金结合，激光熔覆试样腐蚀电位分别比喷涂合金层试样和未处理试样提高 2 倍和 3 倍，耐蚀性比激光熔覆 $Cu_{60}Zn_{40}$ 合金提高更加明显。

4. 镁合金激光表面处理研究进展总结

从目前国内外的研究现状看，由于镁合金具有熔点较低、容易氧化、对激光反射率高等特点，所以其激光表面处理不如低碳钢、不锈钢、工具钢、模具钢、镍基合金、铜合金、铝合金开展顺利，近十几年发展比较缓慢，主要总结如下。

激光熔凝处理：改变常规熔凝层冷却方式，通过添加氩气、水、淬火油、液氮等冷却介质提高熔凝层的冷却速率，从而显著细化晶粒，提高硬度和耐磨性。

激光表面合金化处理：合金化材料仍然是以铝粉为主要成分进行的 Al-Cu、Al-SiC、Al-Zn 合金化处理，与前些年相比基本无改变。

激光表面熔覆处理：涂层材料仍然围绕低熔点、晶体相所构成的合金涂层或金属加陶瓷硬质颗粒形成的低熔点金属基复合涂层，而对镁合金表面激光熔覆非晶合金涂层和高熔点陶瓷涂层研究较少。2004～2018 年，关于镁合金激光熔覆高熔点陶瓷涂层和非晶涂层的研究非常少。作者于 2006 年率先在 AZ91HP 镁合金表面进行了激光熔覆 Cu 基非晶合金研究和激光熔覆 Al_2O_3 陶瓷涂层研究。随后十多年无论从国内还是国外来看，镁合金表面激光熔覆陶瓷涂层的相关文献较少，这主要与涂层制备工艺困难有关，尤其是陶瓷涂层，不添加梯度过渡层很难在镁合金表面制备界面结合牢固、无缺陷的陶瓷涂层。

1.4 上篇研究内容

镁合金因具有低的密度、高的比强度和比刚度及优良的阻尼减振性而在工业应用中受到越来越多的重视，尤其是在航空、航天和汽车领域备受青睐。但是，镁合金室温强度低、耐磨性与耐蚀性差，大大限制了其作为工程结构材料的应用范围。从材料的内在属性出发，解决镁合金性能方面存在不足的最佳途径之一是对其进行表面改性处理，激光表面改性技术由于具有耗时少、操作灵活等优点而从众多表面改性技术中脱颖而出。因此，本书采用激光熔凝、激光熔覆低熔点铝合金涂层和非晶涂层，以及激光熔覆高熔点陶瓷涂层等表面改性技术提高镁合金表面耐磨性和耐蚀性，具体研究内容如下。

(1) 采用高、低两种能量密度的工艺参数对镁合金进行激光熔凝处理。通过系统研究熔凝层组织和性能的变化特征及其随激光工艺参数的变化规律，总结出何种工艺参数对镁合金性能改善效果最佳。

(2) 对镁合金进行激光熔覆低熔点 Al-Si、Al-Cu 共晶合金的研究。通过控制工艺参数，增加涂层稀释率，研究涂层组织、性能的变化特征及其随激光工艺参数不同而产生的变化规律。

(3) 在采用团簇线判据优化设计 Cu-Zr-Al 非晶合金成分的基础上，对镁合金进行激光熔覆低熔点 $Cu_{58.1}Zr_{35.9}Al_6$ 非晶合金研究；讨论在非晶、纳米晶的作用下，涂层组织和性能的变化特征及随激光工艺参数改变涂层组织和性能的变化规律。

(4) 采用 Al-Si 共晶合金为过渡层，在较低激光能量密度下对镁合金进行激光熔覆高熔点 Al_2O_3 陶瓷涂层研究；不仅研究激光熔覆陶瓷涂层沿层深的温度变化特征及不同工艺参数下涂层表层温度的变化规律，还研究等离子喷涂陶瓷涂层和激光熔覆陶瓷涂层相组成、显微结构及性能的变化特征。

参 考 文 献

[1] 陈振华, 严红革, 陈吉华, 等. 镁合金. 北京: 化学工业出版社, 2004.
[2] 郭学锋, 魏建锋, 张忠明. 镁合金与超高强度镁合金. 铸造技术, 2002, 23(3): 133-136.
[3] 吕宜振, 王渠东, 曾小勤, 等. 镁合金在汽车上的应用现状. 汽车技术, 1999, 8: 28-31.
[4] 杨彬. 镁合金研究及制备发展概况. 铸造设备研究, 2001, 1(1): 36-38, 44.
[5] Mordike B L, Ebert T. Magensium properties-application-potential. Material Science and Engineering A, 2001, 302: 37-45.
[6] 张君尧, 韩秉诚. 镁合金的应用. 国外轻金属, 1980, (6): 38-45.
[7] 曹荣昌, 柯伟, 徐永波, 等. 镁合金的最新进展及应用前景. 金属学报, 2001, 51(1): 2-13.
[8] 王渠东, 丁文江. 轿车用阻燃镁合金的研制. 材料导报, 2000, 14(特刊): 53-56.

[9] 郭鹏杰, 张星, 李保成, 等. AZ80镁合金第二相体积分数对其拉伸性能的影响. 金属热处理, 2019, 44(3): 46-49.

[10] Eliezer D. Magnesium science technology and application. Advanced Perfermance Mater, 1998, 5: 201-212.

[11] 刘正, 李艳春, 王中光, 等. 载荷频率和热处理对压铸镁合金 AZ91HP 疲劳裂纹扩展速率的影响. 航空材料学报, 2000, 20(1): 7-11.

[12] 刘正, 王越, 刘重阳, 等. 固溶和失效对压铸 AZ91HP 合金力学性能的影响. 金属学报, 1999, 35(8): 869-873.

[13] 周德钦, 王贵福, 王国军. 镁合金的特点及其新技术发展. 机械工程师, 2006, (1): 25-27.

[14] 蔡启舟, 王立世, 魏伯康. 镁合金防蚀处理的研究现状及动向. 特种铸造及有色合金, 2003, (3): 33-35.

[15] Kojima Y. Project of platform science and technology for advanced magnesium alloys. Materials Transactions, 2001, 42(7): 1154-1159.

[16] 刘晋春, 赵家齐. 特种加工. 北京: 机械工业出版社, 1994.

[17] Li Q T, Ye W B, Gao H, et al. Improving the corrosion resistance of ZKE100 magnesium alloy by combining high-pressure torsion technology with hydroxyapatite coating. Materials and Design, 2019, 181: 1-14.

[18] Bonora P L, Andrei M, Eliezer A, et al. Corrosion behaviour of stressed magnesium alloys. Corrosion Science, 2002, 44(4): 729-749.

[19] Song G, Atrens A, Stjohn D, et al. Electrochemical corrosion of pure magnesium in 1N NaCl. Corrosion Science, 1997, 39(5): 855-875.

[20] Udhayan R, Devendra P B. On the corrosion behaviour of magnesium and its alloys using electrochemical techniques. Journal of Power Sources, 1996, 63(1): 103-107.

[21] Guo X W, Ding W J, Lu C. Influence of ultrasonic power on the structure and composition of anodizing coatings formed on Mg alloys. Surface and Coatings Technology, 2004, 183(2-3): 359-368.

[22] Hashimoto K, Kumagai N, Yoshioka H, et al. Laser and electron beam processing of amorphous surface alloys on conventional crystalline metals. Materials and Manufacturing Processes, 1990, 5(4): 567-590.

[23] Nobuto Y, Hiroshi N, Ari I. Characteristics of ion beam modified magnesium oxide films. Thin Solid Film, 2004, (447-448): 377-382.

[24] Rotshtein V. Microstructure of the near-surface layers of austenitic stainless steels irradiated with a low-energy, high-current electron beam. Surface and Coatings Technology, 2004, (180-181): 382-386.

[25] Frank H, Renate W, Jana S. Characteristics of PVD-coatings on AZ31 magnesium alloys. Surface and Coatings Technology, 2003, 162(2-3): 261-268.

[26] Paolo M, Nicola B, Marco B, et al. Mg: Nb films produced by pulsed laser deposition for hydrogen storage. Material Science and Engineering B, 2004, 108(1-2): 33-37.

[27] 刘正, 王越, 王中光, 等. 镁基轻质材料的研究与应用. 材料研究学报, 2000, 14(5): 449-456.

[28] 许小忠, 刘强, 程军. 镁合金在工业及国防中的应用. 华北工学院学报, 2002, 23(3): 190-192.

[29] Krymann W, Kurze P, Dittrich K H. Process characteristics and parameters of anodic oxidation by sparx deposition (ANOF). Crystal Research and Technology, 1984, 19: 975-979.

[30] Krysmann W, Schneider H G. Application fields of ANOF layers and composites. Crystal Research and Technology, 1987, 21(12): 1603-1609.

[31] Shigemastu I, Nakamura M, Siatou N, et al. Surface treatment of AZ91D magnesium alloy by aluminum diffusion coating. Journal of Materials Science Letters, 2000, 19: 473-475.

[32] 孙安. AZ31 镁合金表面合金化热扩散层与铸渗层的研究. 长春: 吉林大学博士学位论文, 2015.

[33] 冯忠信, 何家文, 张建中, 等. ZM1 镁合金的滚轧形变强化及机理. 机械工程学报, 1996, 32(1): 103-108.

[34] 冯忠信, 张建中, 陈新增. ZM1 Mg 合金的表面滚压强化. 金属学报, 1994, 30(9): 422-426.

[35] Altenberger I, Scholtes B. Improvement of fatigue behaviour of machanically surface treatmented materials by annealing. Scripta Materialia, 1999, 41(8): 873-881.

[36] 赵文轸, 王汉功. 国外铝合金激光表面改质研究进展. 表面工程, 1996, 1: 43-47.

[37] Majumdar B, Galun R, Mordike B L, et al. Influence of processing parameters on morphology and structure of single spot excimer laser melted Mg alloy surfaces. Laser in Engineering, 2003, 13(2): 7-9.

[38] Ignat S, Sallamand P, Grevey D. Magnesium alloys (WE43 and ZE41) characterisation for laser applications. Applied Surface Science, 2004, 233(1-4): 382-391.

[39] Majumdari J D, Mishra P, Das D, et al. Studies of defects in laser surface treated magnesium and its alloy. Laser in Engineering, 2004, 14(3-4): 193-211.

[40] Wang A H, Yue T M. Surface characterststic change of SiC reinforced Mg-alloy composite induced by excimer laser surface treating. Journal of Materials Science Letters, 2001, 20(21): 1965-1967.

[41] Koutsomichalis A, Saettas L, Badekas H. Laser treatment of magnesium. Journal of Materials Science, 1994, 29(24): 6543-6547.

[42] 曾爱平, 薛颖, 钱宇峰, 等. 镁合金表面改性新技术. 材料导报, 2000, 14(3): 19-20, 15.

[43] Abbas G, Liu Z, Skeldon P. Corrosion behaviour of laser-melted magnesium alloys. Applied Surface Science, 2005, 247(1-4): 347-353.

[44] Abbas G, Li L, Ghazanfar U, et al. Effect of high power diode laser surface meltingon wear resistance of magnsium alloys. Wear, 2006, 260(1-2): 175-180.

[45] Grensing F, Fraser H L. Structure and properties of rapidly solidified magnesium-Silicon alloys. Materials Science and Engineering. 1988, 98(2): 313-319.

[46] Dutta M J, Galun R, Mordike B L, et al. Effect of laser surface melting on corrosion and wear resistance of a commercial magnesium alloy. Materials Science and Engineering, 2003, A361: 119-129.

[47] Taltavull C, Torres B, Lopez A J, et al. Corrosion behavior of laser surface melted magnesium alloy AZ91D. Materials and Design, 2014, 57: 40-50.

[48] Guan Y C, Zhou H Y, Li Z L. Solidification microstructure of AZ91D Mg alloy after laser surface melting. Applied Physics A: Materials Science and Processing, 2010, 101(2): 339-344.

[49] Zhou J Z, Xu J L, Huang S, et al. Effect of laser surface melting with alternating magnetic field on wear and corrosion resistance of magnesium alloy. Surface and Coatings Technology, 2017, 309: 212-219.

[50] 葛亚琼. 快速冷却下镁合金激光表面改性行为研究. 太原: 太原理工大学博士学位论文, 2014.

[51] 郭谖. 液氮环境下的镁合金激光表面改性的研究. 太原: 太原理工大学硕士学位论文, 2010.

[52] 郭长刚. 激光熔凝对AZ91D镁合金耐腐蚀性能及细胞相容性的影响. 兰州: 兰州大学硕士学位论文, 2018.

[53] 田蓓. 工业纯铜表面Ni基激光合金化层微观组织与性能研究. 济南: 山东大学硕士学位论文, 2018.

[54] Majumdar D J, Chandra B R, Mordike B L, et al. Laser surface engineering of a magnesium alloy with Al+Al$_2$O$_3$. Surface and Coatings Technology, 2004, 179(2-3): 297-305.

[55] Majumdar D J, Chandra B R, Galun R, et al. Laser composite surfacing of a magnesium alloy with silicon carbide. Composites Science and Technology, 2003, 63(6): 771-778.

[56] Murayama K, Suzuki A, Kamado S, et al. Improvement of wear resistance of magnesium by laser-alloying with Silicon. Materials Transactions, 2003, 44(4): 531-538.

[57] Hiraga H, Inoue T, Kamado S, et al. Improving the wear resistance of a magnesium alloy by laser melt injection. Materials Transaction, 2001, 42(7): 1322-1325.

[58] Hiraga H, Inoue T, Kojima Y, et al. Surface modification by dispersion of hard particles on magnesium alloy with laser. Materials Science Forum, 2000, 350: 253-260.

[59] Kyouji M, Atsuya S, Tohru T, et al. Surface modification of magnesium alloys by laser alloying using Si powder. Materials Science and Forum, 2003, 419-422(2): 969-974.

[60] Majumdar J D, Manna I. Mechanical properties of a laser-surface-alloyed magnesium-based alloy (AZ91) with nickel. Scripta Materialia, 2010, 62(8): 579-581.

[61] 丁阳喜, 董杰, 孙晓龙. AZ31B镁合金表面激光合金化Al-Cu涂层制备及其性能研究. 中国激光, 2012, 39(12): 1-5.

[62] Zhang X L, Zhang K M, Zou J X. Microstructures and properties in surface layers of Mg-6Zn-1Ca magnesium alloy laser-clad with Al-Si powders. Transactions of Nonferrous Metals Society of China, 2018, 28(1): 96-102.

[63] Dziadoń A, Mola R, Błaż L. The microstructure of the surface layer of magnesium laser alloyed with aluminum and silicon. Materials Characterization, 2016, 118: 505-513.

[64] 刘建利. AZ91D镁合金表面Ni基激光熔覆层的微观组织与耐蚀性能研究. 济南: 山东大学硕士学位论文, 2017.

[65] 刘车凯. AZ91D镁合金表面DC-PMIG熔覆Al-Si复合层的组织与性能研究. 太原: 中北大学硕士学位论文, 2018.

[66] 刘奋军, 姬妍, 孟庆森, 等. 镁合金表面激光熔敷+搅拌摩擦加工Al-Cu涂层的显微组织与性能. 中国有色金属学报, 2016, 45(9): 2419-2423.

[67] Subramanian R, Sircar S, Mazumda J. Laser cladding of zirconiumon magnesium for improved corrosion properities. Journal of Materials Science, 1991, 26: 951-956.

[68] Wang A A, Sircar S, Mazumda J. Laser cladding of Mg-Al alloys. Journal of Materials Science, 1993, 28: 5113-5122.

[69] Wang A H, Xia H B, Wang W Y, et al. YAG laser cladding of homogenous coating on magnesium alloy. Materials Letters, 2006, 60: 850-853.

[70] 陈长军, 张敏, 闫文青, 等. 在 ZM5 上预置 Al-Y 粉末激光合金化的研究. 热加工工艺, 2007, 36(23): 33-37.

[71] 姚军. AZ91D 镁合金激光熔覆与重熔层组织特征及其性能研究. 长春: 吉林大学博士学位论文, 2007.

[72] Lin P Y, Zhang Z H, Ren L Q. The mechanical properties and microstructures of AZ91D magnesium alloy processed by selective laser cladding with Al powder. Optics & Laser Technology, 2014, 60: 61-68.

[73] Chen E L, Zhang K M, Zou J X. Laser cladding of a Mg based Mg-Gd-Y-Zr alloy with Al-Si powders. Applied Surface Science, 2016, 367: 11-18.

[74] Liu F J, Jia Y, Meng Q S. Microstructure and corrosion resistance of laser cladding and friction stir processing hybrid modification Al-Si coatings on AZ31B. Vacuum, 2016,133: 31-37.

[75] 刘奋军, 孟庆森, 李增生. AZ31B 镁合金表面激光熔敷+搅拌摩擦加工改性层结构与性能. 稀有金属材料与工程, 2016, 45(9): 2419-2423.

[76] 朱红梅, 龚文娟, 易志威. AZ91 镁合金表面激光熔覆 Al-Cu 合金涂层的组织与性能. 中国有色金属学报, 2016, 26(7): 1498-1504.

[77] 刘德坤, 张可敏, 刘应瑞. AZ31 镁合金表面 Al-Ti-TiB2 激光熔覆层的组织和性能. 机械工程材料, 2018, 42(10): 24-33.

[78] 陈明慧, 朱红梅, 王新林. 激光熔覆制备金属表面非晶涂层研究进展. 材料工程, 2017, 45(1): 120-128.

[79] Huang K J, Li Y, Wang C S, et al. Wear and corrosion properties of laser cladded Cu17Ti34Zr11Ni8/SiC amorphous composite coatings on AZ91D magnesium alloy. Transactions of Nonferrous Metals Society of China, 2010, 20(7): 1351-1355.

[80] Huang K J, Xie C S, Yue T M. Microstructure of Cu-based amorphous composite coating on AZ91D magnesium alloy by laser cladding. Journal of Materials Science Technology, 2009, 25(4): 492-498.

[81] 胡乾午, 刘顺洪, 李志远, 等. 镁基金属复合材料与不锈钢激光熔敷层的结合界面特征. 材料热处理学报, 2001, 22(4): 31-35.

第 2 章　镁合金激光熔凝处理

2.1　引　　言

激光熔凝处理镁合金可使表层组织晶粒细化及二次相含量、分布形式发生变化，从而显著提高镁合金表面耐磨性和耐蚀性。因此，本章主要利用连续 CO_2 激光器在高低两种能量密度的激光工艺参数下对 AZ91HP 镁合金进行熔凝处理，以提高镁合金表面的耐磨性和耐蚀性。与已往镁合金表面熔凝处理相比，本书采用激光功率较高、扫描速度较快的工艺参数，全面系统地分析熔凝层的显微组织、硬度、耐磨性和耐蚀性。同时，为了考查激光功率、激光扫描速度对熔凝层组织和性能的影响规律，本章设计两种实验方案，第一种实验方案是在低能量密度处理工艺中固定激光扫描速度，改变激光功率；第二种实验方案是在高能量密度处理工艺中固定激光功率，改变激光扫描速度。通过对两种工艺参数下镁合金表面性能的改性效果进行对比分析，总结出在何种能量密度下可使 AZ91HP 镁合金激光熔凝处理获得较好的改性效果。

2.2　实验材料和方法

2.2.1　实验材料

实验材料为 AZ91HP 压铸镁合金，试样尺寸为 15mm×15mm×10mm，其具体化学成分见表 1.1。铸态 AZ91HP 镁合金的 X 射线衍射谱(图 2.1)表明，AZ91HP 镁合金主要是由密排六方的α-Mg 固溶体和体心立方的β-$Mg_{17}Al_{12}$ 金属间化合物组成的。

由 Mg-Al 二元合金相图(图 2.2)可知，当合金液体凝固时，熔体中首先结晶出晶粒尺寸为 150～200μm 的初生α-Mg 固溶体(图 2.3(a))，由于晶界处存在成分偏析，当温度降至共晶温度时，将发生离异共晶转变，形成离异共晶α-Mg 和骨骼状离异共晶 β 相(图 2.3(b))。而且，随着温度继续降低，晶界处过饱和的共晶α-Mg 固溶体将以不连续析出方式二次析出层片状 β 相[1]，如图 2.3(c)所示。

第 2 章 镁合金激光熔凝处理

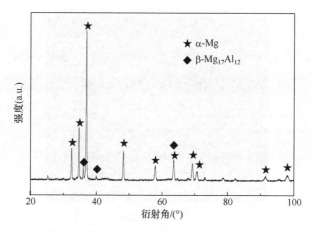

图 2.1 铸态 AZ91HP 镁合金的 X 射线衍射谱

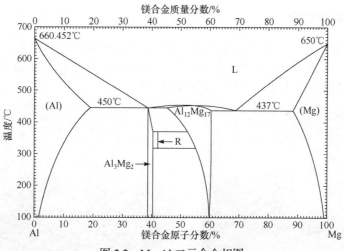

图 2.2 Mg-Al 二元合金相图

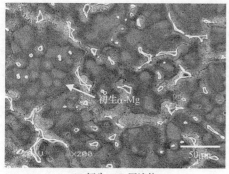

(a) 初生α-Mg 固溶体

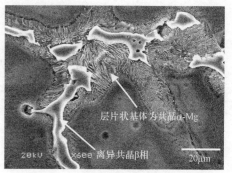

(b) 离异共晶组织

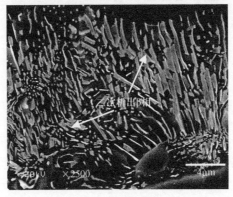

(c) 二次析出相

图 2.3 铸态 AZ91HP 镁合金的显微组织

2.2.2 激光熔凝实验

激光熔凝实验在 HT-1500 型和 DL-T5000 型无氦横流 CO_2 激光器上进行,实验装置如图 2.4 所示。试样置于充有氩气的真空容器中(真空度为 10^{-3}Pa),激光熔凝工艺参数如表 2.1 所示,采用多道搭接处理。

(a) HT-1500 型无氦横流 CO_2 激光器

(b) DL-T5000 型无氦横流 CO_2 激光器

图 2.4 HT-1500 型和 DL-T5000 型无氦横流 CO_2 激光器

表 2.1 激光熔凝工艺参数

工艺参数	样品	激光功率/kW	扫描速度/(mm/s)	光斑尺寸/mm
T1	1#	2	50	3
	2#	3	50	3
	3#	4	50	3
	4#	5	50	3

续表

工艺参数	样品	激光功率/kW	扫描速度/(mm/s)	光斑尺寸/mm
T2	5#	0.8	2.0	3
	6#	0.8	1.4	3
	7#	0.8	1.0	3
	8#	0.8	0.8	3

2.2.3 组织分析方法

采用 XRD-6000 型 X 射线衍射仪(Cu Kα辐射，λ = 0.15406nm)对熔凝层进行物相鉴定；采用 MEF-3 型光学电子显微镜(optical microscope, OM)和 JSM-5600LV 型扫描电子显微镜(scanning electron microscope，SEM)对熔凝层宏观形貌及横截面组织进行分析，熔凝层及原始镁合金样品采用的腐蚀液均为去离子水 10mL+冰乙酸 20mL+乙二醇 50mL+浓硝酸 1mL；采用 EPMA-1600 型电子探针对熔凝层横截面 Mg、Al 元素分布进行分析；采用 JEOL-100 CX 型透射电子显微镜对熔凝层进行微观组织结构分析和形貌观察，以确定熔凝层中 $Mg_{17}Al_{12}$ 的析出方式及分布。用作透射分析的样品，首先机械减薄至厚度为 30～40μm，然后离子减薄至厚度为几十纳米到几百纳米后进行观察。

2.2.4 性能分析方法

利用 DMH-2LS 型努氏硬度计测试熔凝试样的显微硬度，载荷为 5g，加载时间为 10s。沿激光熔凝层横断面由表及里每隔 0.05mm 测试三次，取其算术平均值。

耐磨实验在 CETR UMT-2 磨损试验机上进行，实验参数为加载 3N、滑动速度 1mm/s、往复滑动距离 3mm。图 2.5 为磨损体积的计算原理图。图中，半径为 R 的圆为沿磨球直径的剖面。设 L_c 为磨痕宽度，2θ 为磨痕宽度对应的圆心角，S_s 为扇形面积，S_t 为扇形所包含的三角形的面积，S 为磨痕剖面面积。因此，磨损体积计算过程如下。

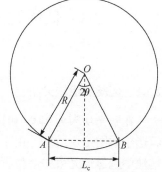

图 2.5 磨损体积的计算原理图

先求圆心角半角：

$$\theta = \arcsin\left(\frac{L_c}{2R}\right) \tag{2-1}$$

然后，求等腰$\triangle OAB$ 的面积 S_t：

$$S_t = \frac{1}{2}R^2 \sin(2\theta) \tag{2-2}$$

最后求扇形 OAB 的面积 S_s：

$$S_s = \frac{2\theta}{2\pi} \cdot \pi R^2 \tag{2-3}$$

由此可以得出磨痕剖面面积 S：

$$S = S_s - S_t \tag{2-4}$$

因此，磨损体积 V 为磨痕剖面面积 S 与磨痕长度 L 的乘积：

$$V = SL \tag{2-5}$$

电化学腐蚀实验在 Potentiostat/Gaivanostat Model 273 上进行，腐蚀液为质量分数为 3.5%的 NaCl(pH=7)溶液。采用三电极测试体系，铂电极为辅助电极，饱和甘汞电极为参比电极，样品为工作电极。电位扫描区间为−2～+2V，扫描速度为 60mV/s。

本节采用静态失重法测试不同工艺处理下熔凝层的腐蚀速率。腐蚀介质为质量分数为 3.5%的 NaCl 溶液，体积为 400mL，pH 控制在 7 左右，温度为 (25±1)℃。浸泡前，将所有试样经金相砂子研磨处理，用丙酮和无水酒精清洗试样表面。实验过程中，将试样悬挂于溶液中，每隔一定时间取出并清除试样表面的腐蚀产物，吹风机吹干后用精度为 0.01mg 的电子秤称取试样腐蚀前后的质量，计算腐蚀速率的公式为 $v = (W_1 - W_0)/(st)$，式中，v 为试样的腐蚀速率；W_1 为试样腐蚀前的质量；W_0 为试样腐蚀后的质量(清除腐蚀产物)；s 为试样的面积；t 为腐蚀时间。

2.3 低激光能量密度($13～33J/mm^2$)下熔凝层组织和性能分析

2.3.1 熔凝层组织分析

在激光功率为 3kW 和扫描速度为 50mm/s 的条件下，镁合金熔凝层的宏观组织形貌如图 2.6 所示。由于所用激光束为能量分布不均匀的高斯光源，所形成的熔池中越靠近光束中心位置，激光能量越集中，熔化深度越深；而光束边缘温度较低，熔化较浅，所形成的熔凝层呈明显的月牙形，且底部较平。熔凝层形状与激光工艺参数有密切关系，增加功率或减小扫描速度都会使月牙形的弧度趋于平缓；而在功率和扫描速度一定的情况下，减小激光束直径会使熔凝层最大厚度处向基体发生凸出，成为不规则的月牙形，这是由激光能量密度过于集中造成的。另外，从宏观组织形貌上看，熔凝层内不存在裂纹、气孔等缺陷。

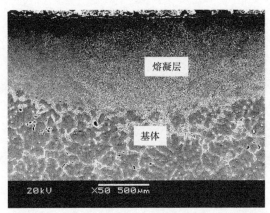

图 2.6　镁合金熔凝层的宏观组织形貌(P=3kW)

AZ91HP 镁合金熔凝层的 X 射线衍射谱如图 2.7 所示。与铸态 AZ91HP 镁合金相比(图 2.1)，熔凝层所形成的相也是由α-Mg 和β-$Mg_{17}Al_{12}$ 构成的。采用参比强度法[2]对原始镁合金和熔凝层中的β-$Mg_{17}Al_{12}$ 进行定性分析可知，熔凝层中β-$Mg_{17}Al_{12}$ 的含量比原始镁合金有所增加，原因为：在激光熔凝过程中，高能量密度的激光束使表层镁烧损，铝相对含量升高(图 2.8)，远远超过铝在α-Mg 中的固溶度，导致过饱和的铝以β相形式析出。另外，激光熔凝过程具有远离平衡态的动力学转变特征，可使共晶点向富铝区偏移，从而导致熔凝层中β相含量比原始镁合金有所增加。

图 2.9 为激光熔凝层沿层深的显微组织。由图可知，熔凝层凝固组织为典型的树枝晶。由于受微区合金溶液成分和结晶参数不均匀性的影响，沿熔凝层层深的变化，树枝晶大小及生长方向发生明显改变，具体阐述如下。

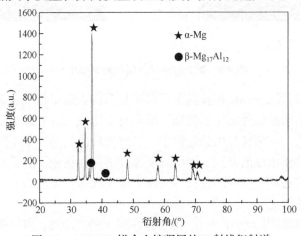

图 2.7　AZ91HP 镁合金熔凝层的 X 射线衍射谱

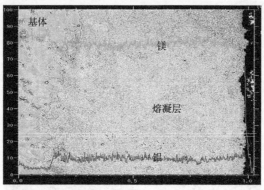

图 2.8 熔凝层元素分布

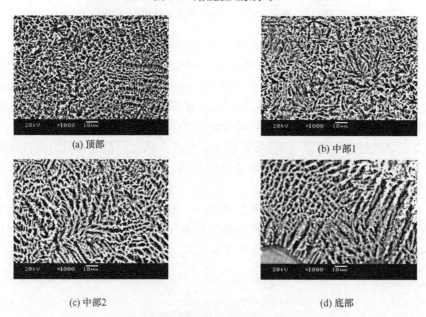

图 2.9 激光熔凝层沿层深的显微组织

在熔池底部(图 2.9(d)),树枝晶主干因生长取向大致平行于合金熔体的最大散热方向而呈现出明显的外延生长特征,即垂直于熔池固液界面,沿熔池中温度梯度减小方向生长。在树枝晶生长过程中,二次树枝晶臂间曲率不同造成各树枝晶臂附近液相内溶质浓度的差别,溶质浓度梯度的存在促使了溶质从粗枝向细枝处扩散。由于熔池底部凝固时间较长,所以上述过程进行得较为充分,结果导致二次树枝晶臂明显粗化。

在熔池的中部(图 2.9(b)、(c)),由于存在很大的过冷度,所以非均匀形核对该区域凝固起着重要的作用。在这一区域作为现存的非均匀形核的质点主要来自两个方面：一是成分过冷形核，即随着熔池边缘区域树枝晶组织的外延生长，由于凝固结晶条件的改变，在一些树枝晶顶端，受成分过冷的驱动形成新的树枝晶晶核，成为非均匀形核的质点；二是合金溶液的对流作用将已结晶的树枝晶分枝冲断，漂移至激光熔池中部，成为树枝晶结晶的核心。另外，由于熔池中部比熔池底部具有更大的冷却速率和更小的温度梯度，树枝晶主干端部曲率半径较小，其侧枝处成分过冷较大，促使了二次分枝的充分发展，所以树枝晶变得细小。

在熔池的顶部(图 2.9(a))，凝固组织主要以两种方式形成：一种是由熔池横断面的结晶组织一直向上继续生长；另一种是熔池自由表面进行非匀质形核和长大，生长的晶核沿着自由表面，并以垂直熔池深度方向长大。由于熔池的表面区域是合金溶液的最后凝固区，且上述两种生长方式是共存的，所以两种生长方式竞争的结果是在激光熔池表面区域形成了两种排列方向的细树枝晶混合凝固组织，且树枝晶变得更加细小。

本书组织分析的突出特点在于进一步详细阐述了 $\beta\text{-}Mg_{17}Al_{12}$ 在熔凝层精细结构中的分布形式。熔凝层明场像及其选区电子衍射(selected area electron diffraction, SAED)花样如图 2.10 所示。由图 2.10(a)可知，熔凝层主要由明亮的 A 区和含有析出物的 B 区组成。A 区选区电子衍射花样如图 2.10(b)所示，指数化结果表明此区为具有密排六方晶体结构的 $\alpha\text{-}Mg$ 固溶体。B 区进一步放大如图 2.10(c)所示，为基体相上沿一定方向平行排列的板条状析出相。该析出相与基体的选区电子衍射花样如图 2.10(d)所示，指数化结果表明基体区的电子衍射花样与图 2.10(b)所示的电子衍射花样一致，仍是晶带轴为$[12\bar{3}2]$的$\alpha\text{-}Mg$固溶体。而板条状析出相则是晶带轴为[111]体心立方结构的$\beta\text{-}Mg_{17}Al_{12}$。

此外，熔凝层中$\beta\text{-}Mg_{17}Al_{12}$析出相的形态除了上述板条状外，还存在少量的呈短柱状和六棱柱状的析出相，如图 2.11 所示。$\beta\text{-}Mg_{17}Al_{12}$析出相形态的多样性是该合金析出相变的一大特点[3]。

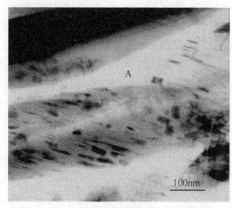

(a) 熔凝层明场像

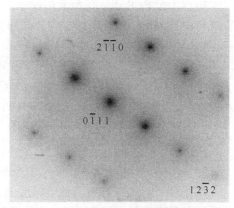

(b) A区选区电子衍射花样

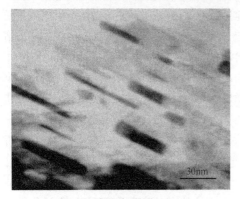
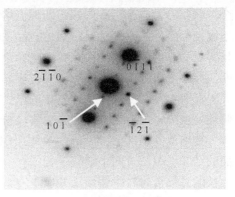

(c) 析出物明场像   (d) B区选区电子衍射花样

图 2.10　熔凝层明场像及其选区电子衍射花样

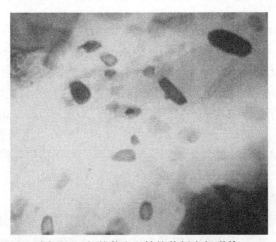

图 2.11　短柱状和六棱柱状析出相形貌

由以上分析可知，在激光熔凝所产生的非平衡条件下，合金熔体中的 α-Mg 首先以树枝晶形态凝固，导致树枝晶间 Al 含量不断增加，为 β-$Mg_{17}Al_{12}$ 的析出创造条件；在固态冷却过程中，β-$Mg_{17}Al_{12}$ 在已凝固树枝晶的边缘处开始少量析出，随着 α-Mg 的大量形成和温度的继续下降，树枝晶间富 Al 的 α-Mg 则以多种形态大量析出 β-$Mg_{17}Al_{12}$，从而形成图 2.10 所示的 α-Mg 树枝晶的明亮区和树枝晶间分布着大量 β-$Mg_{17}Al_{12}$ 析出相的暗区组织。

2.3.2　激光功率对熔凝层组织的影响

1) 激光功率对熔凝层宏观尺寸的影响

熔凝层宏观尺寸主要包括熔凝层的深度(H)和宽度(W)，它们是表征熔凝层宏观质量的重要参数。在不同激光工艺参数下，熔凝层的宏观尺寸会发生显著变化。

图 2.12 为激光扫描速度和光斑尺寸一定的条件下熔凝层宏观尺寸与激光功率之间的关系曲线。由图可知，熔凝层的深度与宽度都随激光功率的增加而变大，原因为激光熔池的尺寸主要取决于激光能量密度。激光能量密度公式为

$$\rho = \frac{P}{DV} \tag{2-6}$$

式中，ρ 为激光能量密度；P 为激光功率；D 为光斑直径；V 为扫描速度。

当激光扫描速度和光斑尺寸一定时，随着激光功率的增加，熔凝层单位面积吸收激光能量密度增加，从而造成由激光热量形成的熔池形状变大，熔凝层宏观尺寸变大。

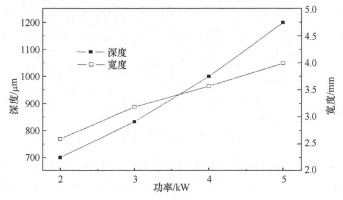

图 2.12 激光功率对熔凝层宏观尺寸的影响

2) 激光功率对熔凝层显微组织的影响

图 2.13 为在扫描速度为 50mm/s、激光功率为 2～5kW 工艺下熔凝层 X 射线衍射谱。不同功率下熔凝层均由 α-Mg 固溶体和 β-$Mg_{17}Al_{12}$ 金属间化合物组成，所不同的是各相含量有所差别。

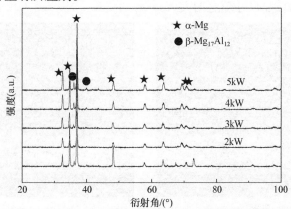

图 2.13 不同功率下激光熔凝层 X 射线衍射谱

由材料分析方法[2]得α相和β相的含量与其强度 $I_α$ 和 $I_β$ 呈正比关系，再结合文献[4]经计算得到图 2.14 所示的半定量分析结果。由图可知，原始镁合金中 $I_β/I_α$ 值约为 0.04，而在不同功率下熔凝层中 $I_β/I_α$ 值均大于原始镁合金，所以熔凝层中β相含量均较原始镁合金有所增加，且随着激光功率的增加，熔凝层单位面积吸收激光能量也增加，导致 Al 相对含量增加，$I_β/I_α$ 值逐渐增加。

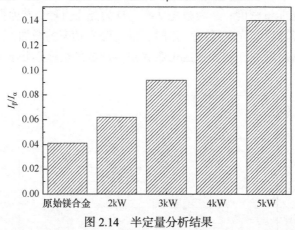

图 2.14　半定量分析结果

激光功率增加除导致熔凝层中 β 相含量发生变化外，对熔凝层树枝晶尺寸也存在较大影响。图 2.15 为在扫描速度和光斑直径固定而激光功率不同情况下熔凝层表层显微组织。由图可知，随着激光功率的增加，熔凝层表层树枝晶尺寸增加，这是由激光熔凝的快速加热和冷却特性决定的：当激光功率较小时，形成的熔池较浅，周围基体散热条件较好，使得随后凝固过程中晶核在长度方向和宽度方向都没有充分时间长大，冷却速率较大，形成的树枝晶尺寸较细小；而随着激光功率的增加，形成的熔池较深，树枝晶生长空间增大，冷却速率降低，树枝晶的生长更易进行，树枝晶尺寸随之增大。

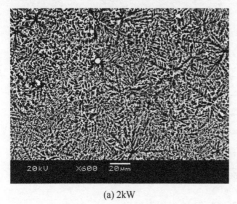
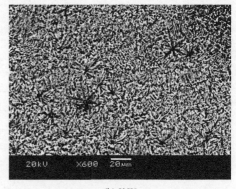

(a) 2kW　　　　　　　　　　　　　(b) 3kW

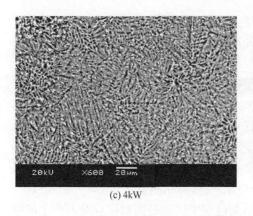 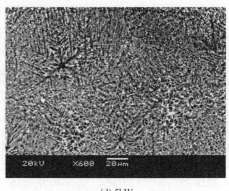

(c) 4kW　　　　　　　　　　　　　　(d) 5kW

图 2.15　不同激光功率下熔凝层表层显微组织

进一步分析发现，随着激光功率的增加，树枝晶尺寸在长度上的增加幅度远大于宽度上的增加幅度。据测定，激光功率由 2kW 增加到 5kW 时，树枝晶长度方向的增加幅度约为宽度方向的增加幅度的 10 倍，这是由于在激光加热过程中，熔池中散热主要依靠基体反向向外排出，熔池具有定向凝固的特征，所以树枝晶长度方向生长远远大于宽度方向生长。

2.3.3　激光功率对熔凝层性能的影响

1. 硬度

由于受熔池内温度梯度和液固界面前沿溶质非平衡分配规律的影响，熔凝层最终凝固组织呈现明显的梯度分布特征，从而决定了熔凝层硬度沿截面方向的分布特点。图 2.16 为不同功率下熔凝层横截面的硬度分布曲线。由图可知，不同功

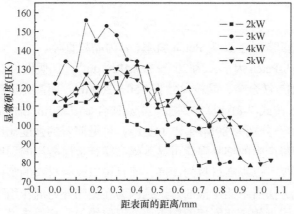

图 2.16　不同功率下熔凝层横截面的硬度分布曲线

率下熔凝层硬度曲线均呈台阶型,即表层元素烧损及树枝晶略微粗化,使其硬度最大值出现在亚表层,过渡到热影响区硬度则陡降,直到镁合金基体时硬度降至最低。

然而,随着激光功率的增加,熔凝层硬度呈先增后降的趋势,这主要是由于熔凝层硬度受树枝晶细化程度、硬质相β-$Mg_{17}Al_{12}$的含量及其在熔凝层中的分布所影响,通常树枝晶越细小,细晶强化作用越大;硬质相含量越高,沉淀强化作用越大。在本书中,随着激光功率的增加,熔凝层组织逐渐粗化,但硬质相β-$Mg_{17}Al_{12}$的含量逐渐增加,两者的综合作用在激光功率为3kW时最佳,此功率下熔凝层最大硬度为140~155HK,比原始镁合金(80HK)约提高90%。

激光熔凝镁合金硬度的提高主要与熔凝过程中快速凝固对镁合金所产生的强化作用有关。在激光熔凝过程中,镁合金所产生的强化机制主要有细晶强化、固溶强化和沉淀强化。

晶粒细化是激光熔凝镁合金的重要特征。在较高的激光功率和较快的扫描速度下,镁合金熔凝层形成了细小的树枝晶,这些细小树枝晶可以产生显著的细晶强化作用。Nussbaum等[5]研究表明,对于六方结构的镁合金,晶粒细化对强度产生的影响要远比立方结构的材料大得多。根据Armstrong等[6]对Taylor理论的改进,霍尔-佩奇(Hall-Petch)关系式中因子K与Taylor因子M的关系可表示为

$$K \propto M^2 \tau_c \tag{2-7}$$

式中,τ_c是剪切应力,与材料滑移系成反比。

由于六方结构的金属滑移系少于立方结构,所以六方结构材料的M值要比面心立方和体心立方的大得多,即具有较少滑移系的六方结构金属的晶界对晶粒的滑移形变具有较强的阻碍作用,因此K值较大。Hall-Petch公式为

$$\sigma_{\text{yield}} = \sigma_0 + Kd^{-\frac{1}{2}} \tag{2-8}$$

式中,σ_0为晶格摩擦力;K为Petch斜率;d为晶粒直径。

镁合金的Hall-Petch因子K为200~300MPa·$\mu m^{1/2}$[7]。假设K=200MPa·$\mu m^{1/2}$,对于铸态AZ91HP镁合金,晶粒尺寸为150~200μm,而激光熔凝处理后晶粒尺寸只有1~5μm,按式(2-8)计算得到激光熔凝镁合金(d=5μm)和相应的铸造镁合金(d=200μm)的$Kd^{-1/2}$分别为89MPa和14MPa,可见前者的强度比后者高得多。由此可知,激光熔凝产生的细晶强化可显著提高镁合金熔凝层的硬度。

细晶强化不仅可以提高材料的硬度,而且可以改善材料的塑性和韧性,这是材料的其他强化方法所不能比拟的。这是因为在相同外力的作用下,细小晶粒的晶粒内部和晶界附近的应变度相差较小,变形较均匀,相对来说,因应力集中引起开裂的机会也较少,这就有可能在断裂之前承受较大的变形量,所以可得到较

大的伸长率和断面收缩率[8]。由于细晶粒金属中的裂纹不易产生也不易传播，所以在断裂过程中吸收了更多的能量，即表现较高的韧性。

研究表明，当镁合金中的晶粒(≤10μm)达到一定比例时，合金就会表现出较高的塑性。在本书中，镁合金熔凝层晶粒尺寸为 1~5μm，所以熔凝处理镁合金的塑性将有显著提高。图 2.17 为原始镁合金和熔凝层的显微硬度压痕，原始镁合金显微硬度压痕边缘出现了明显的压裂迹象，特别在其尖角处这一现象尤为严重，如图 2.17(a)所示，而熔凝层的压痕形状规整，无压裂区域，如图 2.17(b)所示。这一实验结果间接表明，晶粒细化有助于提高镁合金的塑性。

(a) 原始镁合金的显微硬度压痕

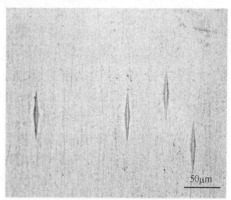
(b) 熔凝层的显微硬度压痕

图 2.17　原始镁合金和熔凝层的显微硬度压痕

熔凝过程中所产生的固溶强化机制对熔凝层硬度的提高也起到一定作用。镁合金中的合金元素大多以置换固溶体存在，快速凝固镁合金中溶质元素的端际固溶度比常规镁合金高得多，使位错运动阻力增加，从而提高镁合金的强度。铝是镁合金中最有效的固溶强化元素，固溶铝每增加 1%(原子分数)，显微硬度可以提高 10%左右[9]。激光熔凝可使α-Mg 中铝含量有所增加，所以其硬度有显著提高。

硬质相β所产生的沉淀强化作用对涂层硬度提高也非常有利。由于熔凝层中基体α-Mg 与硬质相β-$Mg_{17}Al_{12}$ 之间的界面存在点阵畸变和应力场，在外加应力作用下将成为基体α-Mg 中位错运动的障碍，宏观表现为熔凝层的显著强化。根据第二相颗粒阻止位错运动的奥罗万(Orowan)机制，伯格斯矢量为 b 的滑动位错绕过间距为 λ 的硬质粒子时所需的外加应力为[8]

$$\tau = \frac{Gb}{\lambda} \tag{2-9}$$

式中，G 为弹性模量。

因此，粒子间距 λ 越小，位错滑动所需切应力越大，强化作用越明显。熔凝层中β相形态由原来沿晶界分布粗大的骨骼状变为晶内均匀分布的细小板条状和六棱柱状,消除了晶界脆性对基体的削弱作用,强化了晶界。

2. 耐磨性

图 2.18 为熔凝层和原始镁合金(P=3kW)的磨损形貌。由于实验采用的是对磨件硬度为 786HK 的 GCr15 钢,而原始镁合金及熔凝层的硬度为 80~150HK,两种对磨材料的硬度相差极大,磨损过程中硬度较大的 GCr15 钢在硬度较低的镁合金上往复滑动,从而形成如图 2.18 所示的表征磨粒磨损特征的犁沟,这与 Abbas 等[10]激光熔凝 AZ31 和 AZ61 镁合金磨损表面的犁沟特征相类似。然而,与原始镁合金磨损表面宽且深的犁沟相比(图 2.18(b)),熔凝层的犁沟窄且浅(图 2.18(a))。此外,原始镁合金和熔凝层犁削表面上还存在细小的剥落坑。这个细小剥落坑的产生原因可能是在镁合金和熔凝层中均存在两个相,即 α 相和 β 相,这两个相在形变时相互间的不协调,会使在较硬相 β 周围发生位错塞积。当塞积处的应力达到临界值时,就将发生质点-基体界面分离或质点本身断裂。

(a) 熔凝层的磨损形貌

(b) 原始镁合金的磨损形貌

图 2.18 熔凝层和原始镁合金的磨损形貌

文献[11]指出金属材料对磨粒磨损的抗力与 H/E 成比例,H 为材料硬度,E 为杨氏弹性模量。然而,E 是一个对组织不敏感的力学性能指标,金属抵抗磨粒磨损的能力主要与材料硬度成正比,一般情况下材料硬度越高,其抗磨粒磨损能力也越好。在本书中,由于熔凝层硬度比原始镁合金显著增加,所以熔凝层抗磨粒磨损能力也相应提高。

熔凝层和原始镁合金的耐磨性也可通过磨损体积进行定量分析比较。根据实验方法中介绍的磨损体积计算公式,由图 2.19 测得的磨痕宽度计算得到原始镁合金和不同激光功率下熔凝层磨损体积分别为 $67×10^{-3}$mm^3 和 $15×10^{-3}$~$25×10^{-3}$mm^3(图 2.19)。可见,经高功率激光处理后,熔凝层的磨损体积是原始镁合金的 22%~37%，耐磨性提高 63%~78%。熔凝层耐磨性的提高主要是组织细化所产生的细晶强化和硬质相 $\beta\text{-Mg}_{17}\text{Al}_{12}$ 在软基体$\alpha\text{-Mg}$ 中细小弥散分布产生的沉淀强化综合作用的结果。

不同功率下熔凝层磨损机制均以磨粒磨损为主，熔凝层耐磨性随激光功率增加的变化趋势与硬度变化趋势相一致，即在激光功率为 3kW 时耐磨性最好，然后随激光功率的增加，耐磨性降低。

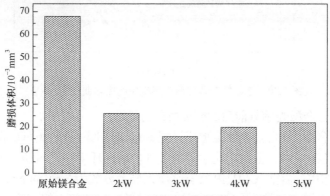

图 2.19　不同激光功率下熔凝层和原始镁合金的磨损体积

3. 耐蚀性

众所周知，镁合金的耐蚀性极差，即使在常温下也会发生腐蚀，镁合金表面形成的氧化膜疏松多孔，对镁合金基本没有腐蚀防护作用，且膜质脆，所以镁合金极易遭受破坏。镁合金的腐蚀类型主要表现为电偶腐蚀、点蚀、晶间腐蚀等。镁合金通常含有较多电极电位较高的组元(如重金属等)，以及镁及其合金在实际应用中经常与其他高电位金属接触，很容易发生电偶腐蚀，因此电偶腐蚀是镁合金腐蚀的基本类型。

电偶腐蚀的基本环节包括阴极、阳极、电解质和导体四个环节。影响电偶腐蚀的因素很多，除介质导电性高外，阴阳极电位差大、极化率低、阴阳极面积比大等都会导致电偶腐蚀速率加快，反之亦然。其中，阴阳极面积比对镁合金发生电偶腐蚀有明显的影响。电偶腐蚀的阴极可以是外部与之相接触的其他金属，也可以是镁合金内部第二相或杂质相。所以，α晶粒的大小，Al 含量的多少，β相的尺寸、形貌及空间分布对其电偶腐蚀有很大影响。

图 2.20 为原始镁合金和激光熔凝层在质量分数为 3.5%的 NaCl 介质中的极化曲线。由图可知，与原始镁合金相比，激光熔凝层的自腐蚀电位升高 50mV，自腐蚀电流约降低 1 个数量级，熔凝层的耐蚀性明显优于原始镁合金。

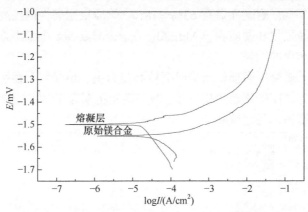

图 2.20 原始镁合金和激光熔凝层的极化曲线(P=3kW)

1) 对镁合金激光熔凝前后的腐蚀机制讨论

在大气环境中镁合金表面会形成一层 $Mg(OH)_2$ 膜，这层膜可以保护镁合金在大气环境中免于侵蚀，但在电化学环境或其他腐蚀环境中则对镁合金的易于侵蚀不具有保护作用。当把 AZ91HP 镁合金浸入质量分数为 3.5%的 NaCl 腐蚀溶液中进行电化学腐蚀时，对铸态 AZ91HP 镁合金来讲，其组织中粗大的α-Mg 晶粒将和沿晶界呈不连续骨骼状分布的β-$Mg_{17}Al_{12}$组成电偶对进行电偶腐蚀。在这个腐蚀电偶对中，具有较低腐蚀电位的α-Mg(–2.73V)作阳极，发生 Mg $\longrightarrow$ Mg^{2+} + $2e^-$ 反应，而具有较高腐蚀电位的β-$Mg_{17}Al_{12}$(–1.73V)作阴极，发生 $2H_2O$ + $2e^-$ $\longrightarrow$ $2OH^-$ + H_2 反应，释放气体，腐蚀开始于α-Mg 和β-$Mg_{17}Al_{12}$接触处，并向α-Mg 内部推移。随着腐蚀时间的增加，腐蚀速率由于参加腐蚀电偶对的阴阳极比率的增加而增大。

而对于激光熔凝处理后的镁合金来说，其耐蚀性提高的原因主要有以下几点。

(1) α-Mg 晶粒的细化。研究表明，AZ91HP 镁合金的腐蚀一般发生在α-Mg 晶粒内部，而晶界处较耐腐蚀。造成α-Mg 晶粒内部和晶界腐蚀差异的原因与 Al 元素在α-Mg 晶粒内部和晶界处的偏析程度有关，Al 浓度的偏析越大，耐蚀性越差[12-13]。而粗大的晶粒尺寸将导致 Al 浓度的偏析距离增大，偏析程度增加。原始镁合金中α晶粒尺寸为 150～200μm，而激光熔凝层中α晶粒以尺寸较小的树枝晶(1～5μm)凝固，晶粒细化减少了 Al 从晶内到晶界的正偏析程度，从而有利于降低α-Mg 的腐蚀程度[14]。

(2) β相。β相是 AZ91HP 镁合金中的强化相，在合金的腐蚀中同样起到相当重要的作用，尤其是β相的含量和分布对合金的腐蚀行为有重要影响。如果β相晶粒尺寸较大，且不均匀、不连续分布，那么β相对腐蚀的阻碍作用会降低甚至消失。反之，如果晶粒尺寸细小，且β相间距较小，那么β相和腐蚀产物一起构成合金腐蚀的屏障，保护α-Mg 不被侵蚀，降低合金腐蚀速率[15]。激光熔凝可使原始镁合金中处于α晶界处较粗大(9~11.2μm)、呈骨骼状不连续分布，恶化耐蚀性的β相在熔凝后转变为晶粒尺寸为0.3~0.5μm，以板条状在树枝晶间析出的β相，如图2.12(c)所示，可使合金的成分和组织均匀化，充分发挥β相阻碍腐蚀的作用。

(3) 激光熔凝过程的快速凝固工艺将镁合金中影响耐蚀性的杂质元素如Fe、Ni、Cu等充分固溶到合金基体中，并实现均匀化，相应地减少了有效阴极面积，从而提高了耐蚀性。

(4) 熔凝层中Al含量明显高于原始镁合金，这一特性使得熔凝层腐蚀表面形成一层比MgO更致密的Al_2O_3氧化膜，尤其是在β相表面形成的氧化膜，由于Al含量较高而具有更强的保护作用。

因此，在以上因素的综合作用下，激光熔凝处理后镁合金的耐蚀性得到明显改善。

2) 激光熔凝前后镁合金的腐蚀形貌分析

为了更详细地分析熔凝层和原始镁合金的腐蚀机制，将二者浸蚀在质量分数为3.5%的NaCl溶液中8h后的腐蚀形貌如图2.21所示。对于原始镁合金，在最初的几分钟内，由于表面疏松氧化膜的保护作用，溶液中产生中等气泡。然而，当原始镁合金表面的氧化膜遭到破坏后，Cl^-进入镁合金内部代替H_2O、OH^-，电极反应的活化能降低，阳极极化反应剧烈，大量气泡从溶液中溢出，镁合金进入全面腐蚀阶段，腐蚀点除了纵深发展外，横向腐蚀的面积也很大。点蚀发生在初生α-Mg处，晶界处的共晶α-Mg和β相较少被腐蚀，如图2.21(a)所示。经能谱分析表明，图中白色点蚀坑较黑区含有较多的Cl^-，因此可以推断点蚀坑是由Cl^-的侵入造成的，这是因为Cl^-半径小，穿透膜比较容易。而对于激光熔凝处理的镁合金，在浸入溶液中约10min后才能看到少许气泡出现。熔凝层只发生少量点蚀现象，熔凝层腐蚀表面可以明显看到一层灰色的氧化膜，且氧化膜没有脱落，基本完好无损地覆盖在合金表面，对合金具有较强的保护作用，如图2.21(b)所示。

(a) 原始镁合金的腐蚀形貌

(b) 熔凝层的腐蚀形貌

图2.21 原始镁合金和熔凝层的腐蚀形貌

3) 熔凝层搭接区与非搭接区的腐蚀特征

熔凝层搭接区与非搭接区在电化学腐蚀中呈现不同的腐蚀特征。图 2.22(a)为熔凝层搭接区和非搭接区在电化学腐蚀中的低倍腐蚀形貌，箭头所指区域为搭接区。由此可见，熔凝层搭接区腐蚀较深，腐蚀程度较非搭接区严重。图 2.22(b)为图 2.22(a)的放大形貌，两条黑线所夹区域为搭接区。此研究结果与 Chiba 等[16-19]的研究结果一致，他们指出熔凝层腐蚀开始于搭接区，但与 Dube 等[4]所讨论的熔凝层搭接区与非搭接区的腐蚀程度恰好相反，这可能与 Dube 等激光熔凝处理采用的脉冲激光器有关。

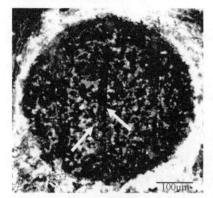

(a) 低倍腐蚀形貌　　　　　　　　　(b) 高倍腐蚀形貌

图 2.22　熔凝层搭接区与非搭接区的腐蚀形貌

熔凝层搭接区与非搭接区在相同腐蚀条件下会产生不同的腐蚀程度，主要与两区组织的细化程度有关。图 2.23(a)为熔凝层非搭接区的显微组织，图 2.23(b)为搭接区的显微组织。由此可见，搭接区与非搭接区相比组织明显粗化。对于多道熔凝搭接，搭接处相当于将第一道熔凝层作为基体而进行重新熔凝，它可使前一道熔凝层表面树枝晶熔化，重新结晶。由于激光熔凝过程连续进行，搭接区熔池。

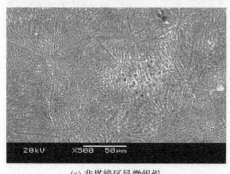
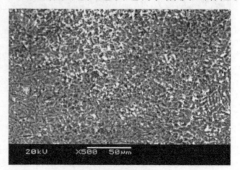

(a) 非搭接区显微组织　　　　　　　　　(b) 搭接区显微组织

图 2.23　熔凝层非搭接区和搭接区两种显微组织形貌

与前道熔凝层的界面区初始温度较高,冷却速率较慢,并有可能成为熔池的最后凝固区,故此区的组织明显比前道熔凝层表面组织粗大,而且无明显的方向性结晶。晶粒尺寸的增加会增大阴阳极的面积比,增加 Al 元素的偏析程度,从而增加腐蚀速率。

4) 激光功率对耐蚀性的影响

图 2.24 为原始镁合金和不同功率下熔凝层在质量分数为 3.5%的 NaCl 溶液中浸泡 12h 后的腐蚀速率。由图可知,不同功率下熔凝层腐蚀速率为原始镁合金的 55%～84%,耐蚀性明显提高。而且,随着激光功率的增加,熔凝层铝含量增加,形成的保护膜作用增强;β 相含量增加,腐蚀电位正移,所以熔凝层耐蚀性明显提高。

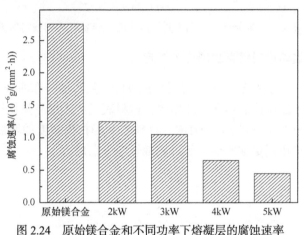

图 2.24 原始镁合金和不同功率下熔凝层的腐蚀速率

2.4 高激光能量密度($133\sim333$J/mm^2)下熔凝层组织和性能分析

熔凝层组织、性能除受激光功率影响外,激光扫描速度对其也存在至关重要的影响作用,所以本节将讨论激光扫描速度对熔凝层组织和性能的影响规律。

2.4.1 激光扫描速度对熔凝层组织的影响

图 2.25 为原始镁合金和不同扫描速度下熔凝层 X 射线衍射谱。由图可知,不同扫描速度下熔凝层皆由 α-Mg 和 β-Mg$_{17}$Al$_{12}$ 构成。同样,根据文献[4]计算可知,随着激光扫描速度的降低,熔池中单位面积吸收的激光能量增加,熔池中镁的烧损量变大,铝的相对含量增加,结果导致 β-Mg$_{17}$Al$_{12}$ 相对含量增加。

不同扫描速度下熔凝层组织皆呈现典型的树枝晶形貌;但随着扫描速度的升

高，熔池中冷却速率增加，树枝晶尺寸逐渐减小。

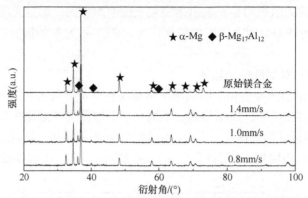

图 2.25　原始镁合金和不同扫描速度下熔凝层 X 射线衍射谱

2.4.2　激光扫描速度对熔凝层硬度的影响

图 2.26 为不同扫描速度下熔凝层显微硬度沿层深的分布曲线。在激光熔凝过程中，由于激光的快速加热和冷却作用，材料表面产生细晶强化作用，熔凝层硬度由基体的 75HK 提高到 85～97HK，且随着激光扫描速度的增加，树枝晶逐渐细化，细晶强化作用更加明显，所以显微硬度逐渐增大。

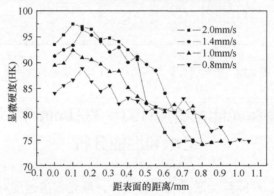

图 2.26　不同扫描速度下熔凝层显微硬度沿层深的分布曲线

2.4.3　激光扫描速度对熔凝层磨损特性的影响

图 2.27 为熔凝层磨损体积随扫描速度的变化关系。由图可知，随着扫描速度的增加，熔凝层硬度提高，抗磨粒磨损能力增强，耐磨性提高，且在所选工艺参数范围内，镁合金耐磨性最高可增加 35%。通过采用扫描电子显微镜对熔凝层磨损表面进行形貌观察可以发现，磨损表面出现了作为磨粒磨损特征的犁沟，且随着激光扫描速度的增加，犁沟逐渐变得窄而浅。

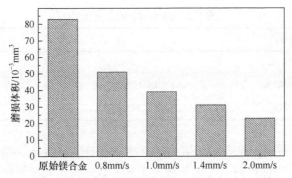

图 2.27 原始镁合金和不同扫描速度下熔凝层磨损体积

2.4.4 激光扫描速度对熔凝层腐蚀特性的影响

原始镁合金和不同扫描速度下熔凝层的阳极极化曲线如图 2.28 所示。熔凝层耐蚀性与原始镁合金相比变化很小，其中扫描速度为 0.8mm/s 的熔凝层耐蚀性最差。熔凝层耐蚀性没有像低激光能量密度下提高显著的原因有两方面，一方面可能与熔凝层晶粒细化程度有关，另一方面可能与实验条件有关。在电化学实验中，试样表面光洁程度对其是否耐蚀具有很大影响，在高激光能量密度下，熔凝层表面较粗糙，任何小的孔洞都会影响熔凝层的腐蚀电位和腐蚀电流，所以在以上因素综合作用下，可能会使高能量密度下熔凝层的耐蚀性与原始镁合金相比没有提高。

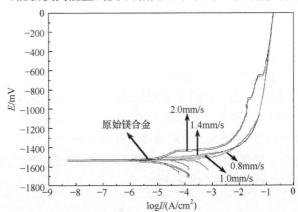

图 2.28 原始镁合金和不同扫描速度下熔凝层的阳极极化曲线

2.5 高、低激光能量密度下熔凝层组织、性能比较

本节将低能量密度激光工艺参数(T1)和高能量密度激光工艺参数(T2)处理下的熔凝层性能进行比较，结果如表 2.2 所示。

表 2.2　T1 和 T2 的工艺比较

性能	T1	T2
硬度(HK)	105～155	83～97
磨损体积/mm^3	15×10^{-3}～22×10^{-3}	25×10^{-3}～50×10^{-3}
耐蚀性	较大改善	基本没变

由表 2.2 可得出结论：对于熔点极低的 AZ91HP 镁合金，当通过激光熔凝提高其表面耐磨、耐蚀性时，合适的激光工艺参数应为激光能量密度较低的高功率快速扫描处理。

2.6　本章小结

本章主要讨论在高、低两种激光能量密度下镁合金熔凝层组织、性能的变化特征，从而得出对 AZ91HP 镁合金激光熔凝处理，何种工艺参数可使其表面耐磨性、耐蚀性得到更大改善，得出的主要结论如下。

(1) 在低激光能量密度下，熔凝层由α-Mg 树枝晶和树枝晶间分布的板条状β-$Mg_{17}Al_{12}$ 组成，随着激光功率的增加，β相含量增加，树枝晶尺寸增大。

(2) 在低激光能量密度下，与原始镁合金相比，熔凝层的硬度提高 90%左右，耐磨性提高 89%。在树枝晶细化和β-$Mg_{17}Al_{12}$ 硬质相的综合作用下，激光功率为 3kW 的熔凝层具有最高的硬度和最小的磨损体积。熔凝层的耐蚀性也较原始镁合金有显著提高，且随着激光功率的增加显著提高。

(3) 在高激光能量密度下，熔凝层相组成仍为α-Mg 和β-$Mg_{17}Al_{12}$，且随着扫描速度的降低，β相含量增加，树枝晶尺寸增大。与原始镁合金相比，熔凝层硬度提高 22%，耐磨性提高 35%，但耐蚀性没有明显改善。

综合以上分析，对于 AZ91HP 镁合金进行激光熔凝处理最合适的工艺参数为低激光能量密度下高功率快速扫描处理。

参 考 文 献

[1] 吴国华, 刘子利, 樊昱, 等. 消失模铸造 AZ91 镁合金组织及耐蚀性研究. 铸造, 2005, 54(8): 767-771.
[2] 周玉. 材料分析方法. 北京：机械工业出版社, 2003.
[3] 肖晓玲, 罗承萍, 刘江文, 等. AZ91 镁铝合金中 HCP/BCC 相界面结构. 中国有色金属学报, 2003, 13(1): 15.
[4] Dube D, Frset M, Couture A, et al. Characterization and rerformance of laser melted AZ91D and AM60B. Materials Science and Engineering A, 2001, 299: 38-45.

[5] Nussbaum G, Sainfort P, Regazzoni G, et al. Strengthening mechanisms in the rapidly solidified AZ91 magnesium alloy. Scripta Metallurgica, 1989, 23(7): 1079-1084.

[6] Armstrong R, Codd I, Douthwaite R M, et al. The plastic defermation of polycrystalline aggregales. Philosophical Magazine, 1962, 7: 45.

[7] 陈振华, 夏伟军, 严红革, 等. 变形镁合金. 北京：化学工业出版社, 2005.

[8] 崔忠圻. 金属学与热处理. 北京：机械工业出版社, 1996.

[9] 张津, 张宗和. 镁合金及应用. 北京：化学工业出版社, 2004.

[10] Abbas G, Li L, Ghazanfar U, et al. Effect of high power diode laser surface melting on wear resistance of magnsium alloys. Wear, 2006, 260(1-2): 175-180.

[11] 束得林. 金属力学性能. 北京：机械工业出版社, 1999.

[12] Ambat R, Aung N, Zhou W. Evaluation of microstructual effects on corrosion behavior of AZ91D magnesium alloy. Corrosion Science, 2000, 42: 1433-1455.

[13] Song G L, Atrens A, Wu X L, et al. Corrosion behavior of AZ21, AZ501 and AZ91 in sodium chloride. Corrosion Science, 1998, 40: 1769-1791.

[14] 徐萍. Ce、Nd、Sr 对 AZ91 镁合金显微组织和腐蚀性能的影响. 武汉：武汉理工大学硕士学位论文, 2005.

[15] 马幼平, 陆旭忠, 徐可为. 镁合金 ZM5 高频感应表面合金化改性层的腐蚀行为. 稀有金属材料与工程, 2003, 32(3): 190-193.

[16] Chiba S, Sato T, Kawashima A, et al. Some corrosion characteristics of stainless surface alloys laser processed on a mild steel. Corrosion Science, 1986, 26(4): 311-317.

[17] Virtanen S C, Boehni H, Busin R, et al. The effect of laser surface modification on the corrosion behaviour of Fe and Al base alloys. Corrosion Science, 1994, 36: 1625-1633.

[18] Li R, Ferreira M G S, Almeida A, et al. Localized corrosion of laser surface melted 2024-T351 aluminium alloy. Surface and Coatings Technology, 1996, 81(2-3): 290-296.

[19] Watkins K, Liu Z, McMahon M, et al. Influence of the overlapped are on the corrosion behavior of laser treated aluminium alloys. Materials Science and Engineering A, 1998, 252(2): 292-300.

第 3 章 镁合金激光熔覆低熔点铝合金涂层

本章介绍在镁合金表面进行激光熔覆低熔点 Al-Si、Al-Cu 共晶合金涂层，由于 Al-Si、Al-Cu 共晶合金与镁合金具有较好的物化相容性，可以保证所制备的 Al-Si、Al-Cu 共晶合金涂层与基体能够形成良好的冶金结合界面，所以涂层在实际应用中不致因长期使用剥落而失去意义。

3.1 激光熔覆 Al-Si 合金涂层

Al-Si 共晶合金具有良好的铸造性能、耐蚀性能和力学性能等优点，是镁合金激光表面改性的理想材料。在激光熔覆过程中，涂层与基体的冶金结合将不可避免地使基体对涂层产生一定的稀释，但这种稀释不仅不会降低 Al-Si 涂层的优异性能，还会因一定计量比的镁元素的加入而使涂层的力学性能和化学性能得到提高。同时，Al-Si 共晶合金熔点约为 650℃，热膨胀系数为 24×10^{-6}/℃；AZ91HP 镁合金熔点约为 560℃，热膨胀系数为 25.2×10^{-6}/℃，所以二者具有较好的物化相容性，可使涂层和基体之间能形成牢固的冶金结合。因此，本节采用 Al-Si 共晶合金作为熔覆材料，对 AZ91HP 镁合金进行激光熔覆低熔点合金涂层研究，讨论涂层组织和性能特征及随激光工艺参数不同所产生的变化规律。

3.1.1 实验材料和方法

采用水玻璃黏结剂将 Al-11.7%Si 合金粉以厚度为 0.5mm 预置在 AZ91HP 镁合金上，激光工艺参数为：激光功率为 2.5~4kW，激光扫描速度为 300mm/min，光斑尺寸为 10mm×1mm。为防止试样氧化，在真空保护氩气气氛下进行实验。

3.1.2 涂层组织分析

图 3.1 为在激光功率为 3kW、扫描速度为 300mm/min 的工艺参数下涂层横截面的组织形貌。由图可知，涂层由表及里可分为熔覆层(CZ)、结合区(BZ)、热影响区(HAZ)和基体(镁合金)四个区。由于镁合金和 Al-Si 涂层具有较好的物化相容性，涂层和基体的界面结合区可形成无缺陷、牢固的锯齿形冶金结合。关于锯齿形结合界面的成因分析如下：当基体表面熔化时，由于镁合金中初生α-Mg 和晶界处离异共晶组织的熔点不同，所以基体不同区域的熔化量有所差异，基体表面

出现局部熔化凹陷区，从而使凝固的基体与涂层的结合界面形成锯齿形结合。

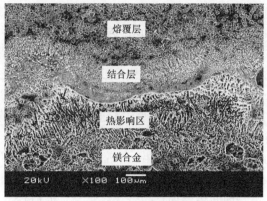

图 3.1　Al-Si 合金涂层的横截面组织形貌

在 10mL HF+15mL HCl+90mL H_2O 腐蚀剂作用下，熔覆层低倍显微组织如图 3.2(a)所示。熔覆层由于溶质的富集而出现较大的成分过冷，从而导致高度分枝的树枝晶生成。树枝晶的生长主要受制于晶体生长的择优取向，只有与热流反方向一致或相近的晶体才能择优生长，反之则会受到抑制。同时，由于熔池上部散热有多种渠道，既可以通过基体，又可以通过周围环境，所以该区散热具有多方向性，只要某一微区晶体的择优取向与该区的散热反方向一致，该晶体即可长大，故得到如图 3.2(a)所示方向紊乱的树枝晶。

对熔覆层低倍显微组织进一步放大，如图 3.2(b)所示。由图可清晰看到，黑色的基体是由一个个韧窝组成的，而每一个树枝晶是由成串的小树枝晶或块状晶组成的。另外，熔覆层中还存在一些白色的、数量较少的、直径只有几微米的针状组织。

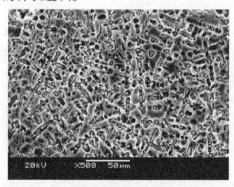
(a) 熔覆层低倍显微组织

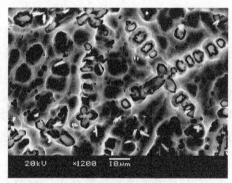
(b) 熔覆层高倍显微组织

图 3.2　熔覆层显微组织(Al-Si 合金)

相分析(图3.3)表明,熔覆层主要由面心立方的Mg_2Si、体心立方的$Mg_{17}Al_{12}$和密排六方的Mg_2Al_3组成。利用晶格常数计算软件Celref计算得到各相的晶格常数如下:Mg_2Si的晶格常数约为0.635nm,$Mg_{17}Al_{12}$的晶格常数约为1.055nm,Mg_2Al_3的晶格常数约为$a=b=0.574$nm,$c=0.994$nm;各相标准的晶格常数为:Mg_2Si的晶格常数为0.6351nm,$Mg_{17}Al_{12}$的晶格常数为1.054nm,Mg_2Al_3的晶格常数为$a=b=0.573$nm,$c=0.954$nm。与标准晶格常数相比,激光熔覆所形成的$Mg_{17}Al_{12}$和Mg_2Al_3的晶格常数有轻微的增加,而Mg_2Si的晶格常数有轻微的降低。分析其原因为激光熔覆过程中会产生一定的热应力,在热应力作用下各相衍射角有微弱向高低角度移动的趋势,从而使各相晶格常数产生微弱的变化。从X射线衍射结果可以看出,$Mg_{17}Al_{12}$和Mg_2Al_3的主要晶面的衍射角有轻微向低角度移动的趋势,由布拉格公式可知面间距增加,晶格常数变大。而Mg_2Si主要晶面的衍射角有轻微向高角度移动的趋势,导致面间距减小,晶格常数变小。

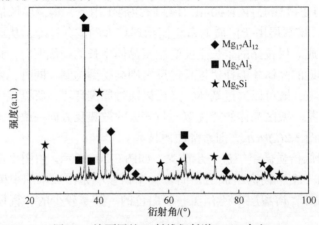

图3.3 熔覆层的X射线衍射谱(Al-Si合金)

由X射线衍射结果可知,涂层主要是由多种镁金属间化合物组成的,这是在镁合金上开展激光熔覆不同于在其他基体上(钢、铁、高温合金)的特征之一。其原因为:由于镁合金熔点较低(560℃),同时Al-Si合金的热导率又较高,所以在激光加热过程中由涂层传递给基体的热量足够使基体表层区域熔化形成熔池,处于熔池底部的镁的密度较低,在熔池中对流场和重力场的作用下将从熔池底部向整个熔池中扩散,并占有一定比例,使得涂层形成多种镁金属间化合物的凝固组织。

为了分析熔覆层元素分布,其电子探针分析如图3.4所示。由图可知,Mg在整个熔覆层组织中均有分布,只是不同区域的含量有所不同;Al主要分布在基体区和针状相上,而在树枝晶处没有发现;几乎所有的Si都分布在树枝晶上。定量分析表明,树枝晶平均化学成分约为 $Mg_{66.56}Si_{31.05}Al_{2.39}$,黑色基体平均化学成分为 $Mg_{59.99}Al_{33.45}Si_{6.56}$,结合 X 射线衍射结果可以确定熔覆层中的树枝晶组织为 Mg_2Si,黑区基体为 $Mg_{17}Al_{12}$。而白色针状组织由于尺寸很小,所以定量分析不能准确地检测其平均化学成分,但由元素分布和 X 射线衍射结果可以初步断定白色针状相为 Mg_2Al_3 金属间化合物,在下面熔覆层的透射电子显微镜分析中将对其做进一步的证明。

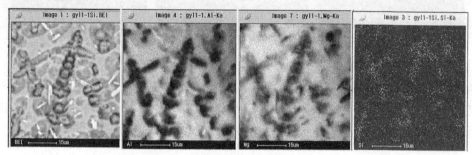

图 3.4 熔覆层元素面分析(Al-Si 合金)

熔覆层透射电镜明场像如图 3.5 所示。由图可知,熔覆层主要由分布在基体区 A 上的多边形 B 区和三角形 C 区组成。A 区、B 区和 C 区的选区电子衍射花样如图 3.6 所示。指数化结果表明,A 区为具有体心立方晶体结构的 $Mg_{17}Al_{12}$;B 区为具有面心立方晶体结构的 Mg_2Si;C 区为具有密排六方晶体结构的 Mg_2Al_3。由此可见,涂层中的针状相确实为密排六方晶体结构的 Mg_2Al_3。

由以上分析可对 Al-Si 涂层的凝固过程加以明确解释:在激光加热的快速凝固过程中,熔体中首先结晶出高熔点、树枝状的 Mg_2Si 金属间化合物,随着 Mg_2Si

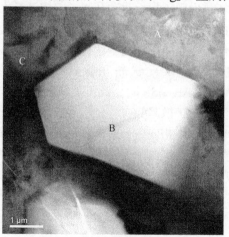

图 3.5 熔覆层透射电镜明场像

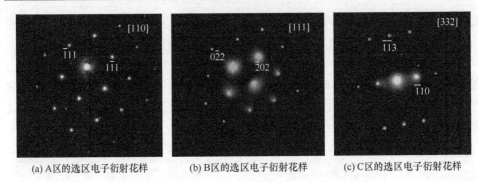

(a) A区的选区电子衍射花样　　(b) B区的选区电子衍射花样　　(c) C区的选区电子衍射花样

图 3.6　A区、B区和C区的选区电子衍射花样

的结晶,熔体中富含 Mg、Al 元素,当温度降至 $Mg_{17}Al_{12}$ 的熔点(455℃)时,树枝晶间的熔体将以 $Mg_{17}Al_{12}$ 金属间化合物形式凝固。随后在固态冷却过程中,Al元素的富集会在 $Mg_{17}Al_{12}$ 基体上析出少量针状的 Mg_2Al_3 金属间化合物。

3.1.3　结合区和热影响区组织分析

结合区的显微组织如图 3.7(a)所示。结合区底部柱状晶紧靠在基体的热影响区,具有明显外延生长特征,这是由界面前沿温度梯度的降低、结晶速度的增加和界面扰动的出现造成的,柱状晶的生长方向主要受热流方向控制,为热流的反方向,因熔池底部热流方向垂直于固液界面,故其生长方向亦垂直于界面,如图 3.7(a)中的 A 处。

随着固液界面向前推移,生长着的固液界面前沿因受到熔池非平衡动态凝固特征的影响,冷却速率逐渐增大,温度梯度逐渐降低,加之合金熔液的对流扰动使柱状晶组织遭到破坏,出现了生长扰动凸起。与熔池最大散热方向相平行的扰动凸起就得到发展,而取向不利的凸起则被吞没,出现锯齿结构,即通常所说的二次树枝晶臂,从而使得柱状晶逐渐向胞状树枝晶过渡,如图 3.7(a)中的 B 处。能谱分析结果表明,结合区柱状晶和胞状树枝晶的平均化学成分约为 $Mg_{67.01}Al_{31.78}Si_{1.21}$ 和 $Mg_{63.97}Al_{32.47}Si_{3.56}$,由此可见结合区中 Si 元素含量随着向界面的靠近存在一个逐渐降低的扩散趋势。

在靠近界面的结合区发生相变后,基体区也受到一定程度的热影响而发生相变,如图 3.7(b)所示。在激光熔覆过程中,基体表面受到涂层的热传导作用而发生熔化,在对流场和重力场的作用下,Mg 元素向涂层中扩散,使基体表面 Al 的相对含量增加,达到或接近共晶组织中 Al 含量,从而形成α-Mg+β-$Mg_{17}Al_{12}$ 共晶组织。能谱分析表明,热影响区中 Mg 与 Al 的质量分数约为 74.01%和 25.99%。

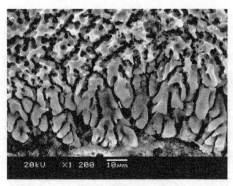 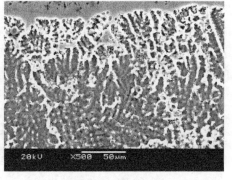

(a) 结合区的显微组织　　　　　　　(b) 热影响区的显微组织

图 3.7　结合区和热影响区的显微组织

3.1.4　激光功率对涂层组织的影响

图 3.8 为不同激光功率下熔覆层 X 射线衍射谱。当激光功率为 2.5kW 时，涂层稀释率较低，Al 相对含量较高，熔覆层所形成的相除了金属间化合物 Mg_2Si 和 $Mg_{17}Al_{12}$ 外，还存在大量面心立方和密排六方的 Mg_2Al_3 金属间化合物。当激光功率增加到 3kW 和 3.5kW 时，涂层稀释率增加，主要形成大量的 Mg_2Si 和 $Mg_{17}Al_{12}$ 金属间化合物，而金属间化合物 Mg_2Al_3 的含量较少。当激光功率继续增加到 4kW 时，涂层稀释率达到最大值，涂层组织除了 Mg_2Si、$Mg_{17}Al_{12}$ 和少量 Mg_2Al_3 外还出现了大量的 α-Mg 固溶体。由此可见，控制激光工艺参数可使涂层形成多种镁金属间化合物，而不出现硬度和耐蚀性较差的 α-Mg 固溶体。

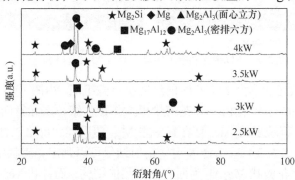

图 3.8　不同激光功率下熔覆层 X 射线衍射谱(Al-Si 合金)

与涂层相组成类似，不同激光功率下熔覆层的显微组织也发生变化，如图 3.9 所示。从扫描组织上看，激光功率为 3~4kW 时熔覆层的组织均为黑色基体上分布的树枝晶和少量的针状相，其中激光功率为 3kW 和 3.5kW 时生成的树枝晶较多且细，如图 3.9(b)和(c)所示；激光功率为 4kW 时树枝晶含量明显降低，树枝晶尺寸变大,如图 3.9(d)所示。而在激光功率为 2.5kW 时,熔覆层出现大量花瓣状组织,且更加细化,如图 3.9(a)所示。在本章前面内容中已经对树枝晶、白针状组织进行了详细阐述,下面主要对激光功率为 2.5kW 时所形成的花瓣状组织和激光功率为 4kW 时所形成的灰区基体进行分析。

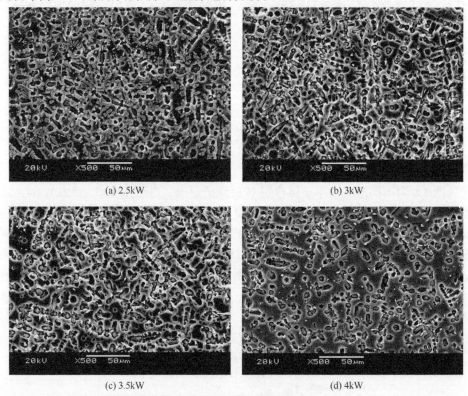

图 3.9 不同激光功率下熔覆层的显微组织(Al-Si 合金)

图 3.10 为激光功率为 2.5kW 时的熔覆层显微组织。由图可知,熔覆层主要由灰区(1)、树枝晶(2)、针状相(3)和花瓣状相(4)组成。熔覆层元素面分析结果表明,花瓣状组织中含有较多的 Al,且含有一些 Mg,但不含 Si(图 3.11),定量分析表明 Mg∶Al 原子比为 2∶3。结合 X 射线衍射结果可以判定花瓣状组织为金属间化合物 Mg_2Al_3,但花瓣状 Mg_2Al_3 为面心立方晶体结构,而针状 Mg_2Al_3 为密排六方晶体结构。

当激光功率为 4kW 时,熔覆层组织从扫描上看与激光功率为 3kW 和 3.5kW 时的熔覆层组织没有区别,所不同的只是树枝晶尺寸有所增加。但在透射电子显微镜下对灰区基体进一步分析可以发现,在 Mg_2Si 树枝晶之间的灰区基体上可明显看到黑色块状析出相,如图 3.12(a)所示。灰区基体和析出相的复合电子衍射花样如图 3.12(b)所示，指数化结果表明灰区基体为密排六方晶体结构的α-Mg 固溶体，析出相为体心立方晶体结构的β-$Mg_{17}Al_{12}$。

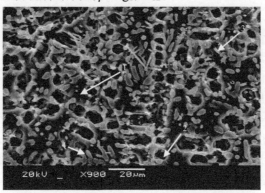

图 3.10　激光功率为 2.5kW 时的熔覆层显微组织

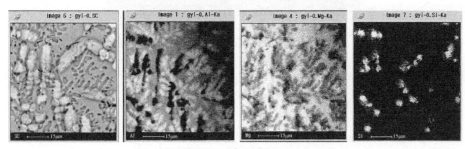

图 3.11　熔覆层元素面分析(P = 2.5kW)

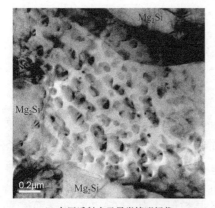

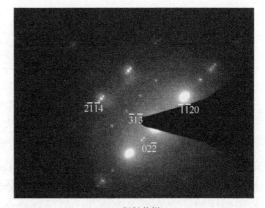

(a) 灰区透射电子显微镜明场像　　　　　　(b) 衍射花样

图 3.12　灰区透射电子显微镜明场像及相应的复合电子衍射花样

3.1.5 激光功率对涂层性能的影响

1. 硬度

由于受熔池内温度梯度和液固界面前沿溶质非平衡分配规律的影响，涂层最终凝固组织呈现明显的梯度分布特征，从而决定了涂层硬度的分布特点。图3.13为不同激光功率下涂层的硬度分布。由图可知，涂层硬度沿层深的分布呈现四个台阶，分别对应熔覆层、结合区、热影响区和基体。熔覆层表面由于受高能激光直接辐照，部分涂层元素烧损或挥发，强化效果不太理想，硬度比次表层低，次表层具有最高硬度；热影响区由于α-Mg+β-$Mg_{17}Al_{12}$共晶组织的形成，其硬度较基体有所增加。另外，在不同激光功率下涂层较高硬度出现在激光功率为3kW和3.5kW的涂层中，这是因为在这两种涂层中含有较多的硬质相Mg_2Si和$Mg_{17}Al_{12}$。而含有较多Mg_2Al_3且激光功率为2.5kW的涂层硬度次之，激光功率为4kW的涂层由于含有较多硬度为80HK的α-Mg而具有最低的硬度。

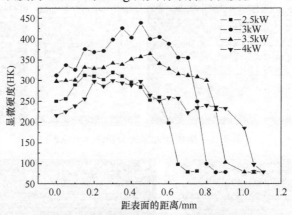

图3.13 不同激光功率下涂层的硬度分布

不同激光功率下涂层平均硬度为250~450HK，比原始镁合金的硬度(80HK)提高213%~462%。其中，激光功率为3kW的涂层硬度高达350~450HK，比原始镁合金的硬度(80HK)提高340%~462%，比陈长军等[1]在ZM5镁合金上所制备的Al-11.7%Si合金涂层的硬度高50~100HK。熔覆层具有如此高的硬度，主要与其所形成的显微组织有关。由前面的组织分析可知，在激光作用下熔覆层所形成的组织比原始镁合金显著细化，原始镁合金的晶粒尺寸为150~200μm，而熔覆层所形成的树枝晶尺寸只有5~20μm。根据Hall-Patch关系得到组织的细化可以显著提高涂层的强度，从而使涂层硬度得以提高。

另外，对涂层硬度的提高起着另一重要作用的为涂层中树枝晶状的硬质相Mg_2Si(460$HV_{0.2}$)和基体区硬度较高的$Mg_{17}Al_{12}$的形成。硬质相所产生的强化作用对熔覆层硬度的提高起着至关重要的作用。

2. 摩擦磨损

一般来说，摩擦和磨损是物体相互接触并做相对运动时伴生的两种现象，摩擦是磨损的原因，磨损是摩擦的必然结果。材料的减磨性一般通过摩擦系数来评价，摩擦系数是材料摩擦特性的重要参数之一，在实验条件一定的情况下其与材料的表面组织、性质有很大关系。图 3.14 为激光功率为 3kW、扫描速度为 300mm/min 时涂层和原始镁合金的摩擦系数随时间的变化曲线。可见，涂层和原始镁合金的摩擦系数存在一些差别：对于原始镁合金，由于磨损表面存在较严重的磨粒磨损，在磨损初期摩擦系数就迅速增加到 0.3 以上，尔后有轻微的降低，最后趋于稳定阶段，但整个磨损过程中摩擦系数波动较大，说明磨损表面有较多的黏着物；而涂层的摩擦系数在整个磨损过程中则相对稳定，在初始跑合阶段有轻微的增加，达到最高点后迅速降低并进入相对稳定阶段。在稳定阶段，由于较轻微的黏着磨损存在，所以摩擦系数波动幅度较小，基本稳定在 0.3。

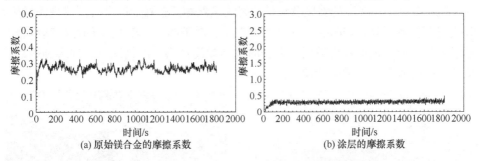

图 3.14 原始镁合金和涂层的摩擦系数随时间的变化

图 3.15 为在上述磨损条件下原始镁合金和涂层的磨损形貌。由图可知，原始镁合金和涂层的磨损表面在磨球往复滑动的方向上均出现了作为磨粒磨损特征的犁沟。但与原始镁合金(图 3.15(a))相比，涂层磨损表面的犁沟窄且浅(图 3.15(b))。涂层磨粒磨损机制的主要形成原因如下：涂层的硬度与 GCr15 钢球的硬度相差不大，摩擦过程中部分合金被黏附到钢球上，黏附在钢球上的合金经过反复转移和挤压发生加工硬化、疲劳及氧化脱落而形成游离磨屑，在后续的磨损过程中，磨屑对磨损表面起到一定的犁削作用而产生犁沟。

为进一步研究原始镁合金和涂层的磨损机制，对原始镁合金和涂层的磨损形貌进一步放大，如图 3.16 所示。由图可知，涂层和原始镁合金的磨损表面都存在裂纹。裂纹的形成原因如下：磨损过程中的切向运动使磨损表面产生较大的应力集中，且随着磨损时间的增加，应力集中不断增加，当应力集中增加到一定程度

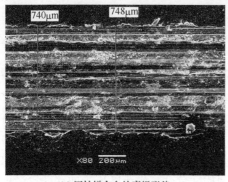 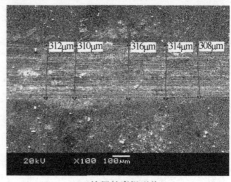

(a) 原始镁合金的磨损形貌　　　　　　　(b) 涂层的磨损形貌

图 3.15　原始镁合金和涂层的磨损形貌

时，磨损表面就会产生裂纹源，进一步磨损使裂纹源不断扩展且相互连接，如果裂纹相互连接形成一个封闭环，那么被裂纹环包围的磨损表面就会产生剥落，形成剥落片。在相同的磨损时间里，涂层和原始镁合金磨损表面的剥落程度有所差别。涂层由于具有较高的强度和韧性，裂纹虽然相互连接，但没有剥落现象发生，磨损表面仍较平整，如图 3.16(a)所示。但是，对于图 3.16(b)所示的原始镁合金的磨损表面，由于表面强度较低，在长时间承受滑动磨损的情况下，许多剥落片已从磨损表面剥落，形成碎片状磨屑。

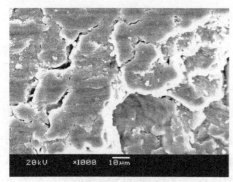 

(a) 涂层放大的磨损形貌　　　　　　　(b) 原始镁合金放大的磨损形貌

图 3.16　涂层和原始镁合金放大的磨损形貌

原始镁合金和不同激光功率下涂层的磨损体积如图 3.17 所示。由图可知，Al-Si 合金涂层的磨损体积为 $4.0\times10^{-3}\sim17\times10^{-3} mm^3$，原始镁合金的磨损体积为 $67\times10^{-3} mm^3$，二者相比，Al-Si 合金涂层的磨损体积约降低一个数量级，相应的耐磨性提高 74%～92%。另外，在不同工艺参数下，激光功率为 4kW 的涂层的磨损体积最大，而激光功率为 3kW 的涂层的磨损体积最小。

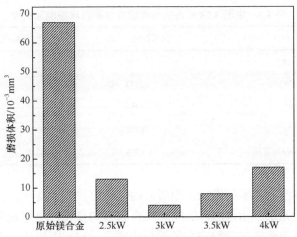

图 3.17 原始镁合金和不同激光功率下涂层的磨损体积

如前所述,在磨粒磨损机制下,材料的耐磨性与硬度存在正比关系,所以不同激光功率下涂层的耐磨性与硬度变化规律一致,即激光功率为 3kW 的涂层的耐磨性最佳。

3. 耐蚀性

当 Al-Si 合金中加入一定量的 Mg 时,非但不会恶化合金的耐蚀性反而有助于耐蚀性的提高。事实上,Al-Si 合金涂层的电化学测试结果也证明了这一点。

图 3.18 为原始镁合金和不同激光功率下涂层在质量分数为 3.5%的 NaCl 溶液中的阳极极化曲线。表 3.1 为由图 3.18 得到的不同功率下涂层自腐蚀电位(E_{corr})和自腐蚀电流密度(I_{corr})。与原始镁合金相比,涂层的自腐蚀电位升高了 300mV,自腐蚀电流密度降低约 2 个数量级,涂层的耐蚀性明显优于原始镁合金。

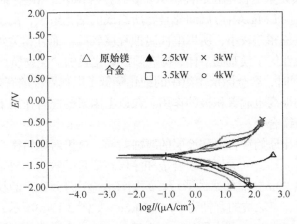

图 3.18 原始镁合金和不同激光功率下涂层的阳极极化曲线

表 3.1　由图 3.18 所得的自腐蚀电位和自腐蚀电流密度

样品	自腐蚀电位/mV	自腐蚀电流密度/(μA/cm^2)
原始镁合金	−1528	60.53
涂层(2.5kW)	−1292	0.28
涂层(3kW)	−1250	0.45
涂层(3.5kW)	−1278	0.76
涂层(4kW)	−1333	1.09

另外，随着激光功率的增加，涂层的耐蚀性有较大的变化。由表 3.1 可知，在四种涂层中激光功率为 4kW 的涂层具有较高的自腐蚀电流密度，但耐蚀性最差。这主要是因为此工艺参数获得的涂层出现了α-Mg 固溶体，当在质量分数为 3.5%的 NaCl 溶液中进行电化学实验时，α-Mg 会和β-Mg$_{17}$Al$_{12}$ 组成电偶对进行电偶腐蚀，但β-Mg$_{17}$Al$_{12}$ 的细化及析出形式的差异使得涂层中的电偶腐蚀程度远远没有原始镁合金中电偶腐蚀严重，再加上具有较好耐蚀性的金属间化合物的存在，所以与原始镁合金相比，涂层的耐蚀性仍有较大提高。而在其他工艺参数处理下，涂层的耐蚀性变化较小，但激光功率为 2.5kW 的涂层的耐蚀性最好，这可能是因为此涂层中含有更多的与 Mg$_{17}$Al$_{12}$ 具有相似电极电位的 Mg$_2$Al$_3$，减小了涂层中电偶腐蚀程度，从而导致此工艺参数处理下涂层的耐蚀性最佳。

涂层的耐蚀性比原始镁合金有所提高，这与激光熔覆所形成涂层的组织密切相关。对于原始镁合金，主要发生由α-Mg 和β-Mg$_{17}$Al$_{12}$ 所组成的电偶对进行的电偶腐蚀，且随着电偶腐蚀阴阳极面积的增加，腐蚀加剧。而在 Al-Si 合金涂层中，由于激光工艺参数的合适选择，涂层中没有形成恶化合金耐蚀性的 Al/Mg$_2$Si 电偶对，更不能形成大量电极电位相差极大的α-Mg 和β-Mg$_{17}$Al$_{12}$，而是形成主要由 Mg$_2$Si、Mg$_{17}$Al$_{12}$ 和 Mg$_2$Al$_3$ 金属间化合物所组成的细化组织，由于这三种金属间化合物的电极电位相差较小，所以电偶腐蚀程度较低；而且相关研究表明，金属间化合物的耐蚀性优于镁基固溶体，构成阳极氧化膜的盐类物质比 AZ91HP 镁合金耐腐蚀[2-3]；同时，合金涂层中组织的细化降低了电偶腐蚀的有效阴阳极面积，对涂层耐蚀性的提高也起着积极的作用。在以上因素的综合作用下，涂层的耐蚀性显著高于原始镁合金。

为进一步对比原始镁合金和涂层的腐蚀差异，这里对原始镁合金和涂层的腐蚀形貌进行分析。图 3.19 为原始镁合金和涂层在质量分数为 3.5%的 NaCl 溶液中进行电化学腐蚀 20min 后的腐蚀形貌。原始镁合金由于α-Mg 的易于侵蚀而呈现明显的点蚀特征，点蚀坑的直径为 50~150μm，如图 3.19(a)所示，关于其呈现点蚀的详细分析已经在第 2 章中阐述。而对于 Al-Si 合金涂层的腐蚀形貌，由于优异的耐蚀性而呈现轻微的腐蚀特征，只有局部小区域出现几个直径为 10～60μm 较大的腐蚀坑，如图 3.19(b)所示。

(a) 原始镁合金的腐蚀形貌

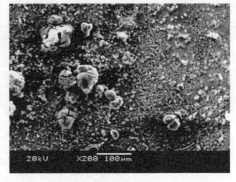
(b) 涂层的腐蚀形貌

图 3.19　原始镁合金和涂层的腐蚀形貌

3.2　激光熔覆 Al-Cu 合金涂层

Al-Cu 系合金因其高的强度而素有硬铝之称，虽然其耐蚀性比 Al-Si 和 Al-Mg 系合金稍差，但在激光熔覆过程中，由于镁合金对 Al-Cu 合金涂层的稀释作用在一定程度可降低 Cu 元素对耐蚀性不利的影响，合金的耐蚀性提高。同时，激光熔覆过程中高的冷却速率不仅可以细化组织，而且有利于高温硬质相的形成，从而可进一步改善 Al-Cu 合金涂层的力学性能。为此，本节将以 Al-Cu 共晶合金为研究对象，较为系统地分析激光熔覆工艺参数对 Al-Cu 合金涂层组织、性能的影响规律。

3.2.1　实验材料和方法

首先，将金属 Al 粉(粒度为 200 目，纯度为 99.8%)和 Cu 粉(粒度为 200 目，纯度为 99.9%)按 67∶33 的质量比进行配比，并采用球磨机在惰性气体保护下进行充分混合。然后，以水玻璃为黏结剂，将上述粉末混合体预置在 AZ91HP 镁合金上，厚度约为 0.5mm。最后，采用 5kW 连续 CO_2 激光器在氩气保护下进行激光熔覆实验，具体工艺参数为：激光功率为 2.5～3.5kW，激光扫描速度为 300mm/min，光斑尺寸为 10mm×1mm。

3.2.2　涂层组织分析

图 3.20 为在激光功率为 2.5kW、扫描速度为 300mm/min 条件下 Al-Cu 合金

涂层的横截面组织形貌，其由表及里依次为熔覆层、结合区、热影响区和基体。Al-Cu 合金与镁合金基体间良好的物化相容性，致使涂层与基体间实现了良好冶金结合，无气孔、裂纹等缺陷存在。

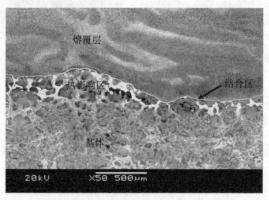

图 3.20 Al-Cu 合金涂层的横截面组织形貌(P=2.5kW)

图 3.21(a)为上述工艺条件下熔覆层的显微组织。在 10mL HF + 15mL HCl + 90mL H$_2$O 腐蚀剂侵蚀下，合金涂层组织特征为在细小的等轴晶界面处分布着网状深色组织。通过在扫描电子显微镜下做进一步高倍视场观察可以发现，在等轴晶上尚分布一些尺寸为 1~5μm 的黑色颗粒状相(图 3.21(b))。

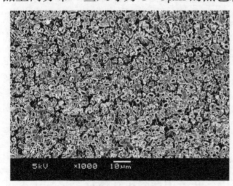
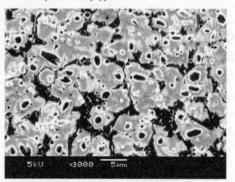

(a) 熔覆层低倍组织　　　　　　　　　　　(b) 熔覆层高倍组织

图 3.21 熔覆层显微组织(Al-Cu 合金)

X 射线衍射分析表明，合金涂层中除密排六方结构的 AlCu$_4$ 金属间化合物外，在激光熔覆过程中镁合金基体对合金涂层的稀释作用，致使涂层中形成体心立方结构 Mg$_{17}$Al$_{12}$ 和面心立方结构 AlMg 两种类型的金属间化合物(图 3.22)。

定量分析表明，等轴晶组元间原子比近似为 17：12，为 Mg$_{17}$Al$_{12}$ 金属间化合物，其化学表达式为 Mg$_{53.48}$Al$_{40.54}$Cu$_{5.98}$；黑色网状组织则富含镁、铝，组元间原

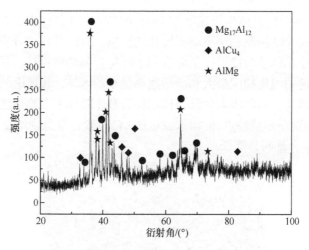

图 3.22 熔覆层的 X 射线衍射谱(Al-Cu 合金)

子比近似为 1∶1,为 AlMg 金属间化合物,其化学表达式为 $Al_{47.14}Mg_{50.68}Cu_{2.18}$;由于黑色颗粒状相直径比较小,定量分析不是十分准确,所以对涂层组织做进一步面分析可以表明(图 3.23)颗粒状相主要富含 Cu、Al 元素,结合 X 射线衍射分析结果,可以推断其应为 $AlCu_4$ 金属间化合物。

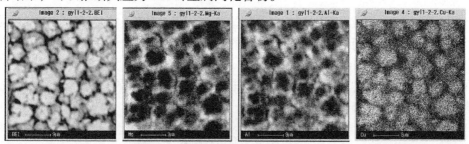

图 3.23 熔覆层元素面分析(Al-Cu 合金)

基于熔覆层上述组织分析可以初步推断:在激光熔覆快速凝固过程中,首先从液相中结晶的是熔点相对较高的 $AlCu_4$ 型金属间化合物。随着温度的降低,$AlCu_4$ 相不断长大,致使其周围液相的 Mg、Al 含量增加,当其含量增加至一定程度时,将以 $AlCu_4$ 相为现成的形核位置,形成 $Mg_{17}Al_{12}$ 金属间化合物,进而沿 $AlCu_4$ 法向方向延伸长大;而随着 $Mg_{17}Al_{12}$ 等轴晶的形成,晶界处 Mg 含量降低,Al 含量增加,最终使 Al 含量较高的网状 AlMg 在等轴晶晶界凝固。有关涂层凝固过程的深入分析,有待以后进一步地探讨。

图 3.24 为涂层界面结合区的显微组织,为沿热流方向的平面晶生长形态。根据凝固动力学理论,凝固金属的结晶形态取决于结晶参数,即结晶方向上的温度

梯度 G 和结晶前沿的晶体生长速度 V 的比值(G/V)。在基体表面微熔区，一方面由于受其熔体尺寸的限制和动态凝固特征的影响，对流难以充分发展，凝固前沿多余的溶质原子不能及时排走，从而有利于保持界面的稳定性；另一方面由于该微区是整个熔池中温度梯度最大和冷却速率最小的区域，其理论结晶参数 G/V 近似为无穷大。因此，这些因素的综合作用将有利于基体表面微熔区以平面晶形态生长。结合区的这一形成特点，使得该微区的 Mg 元素含量急剧增加，达到 65.60%，而 Cu、Al 元素含量明显降低。

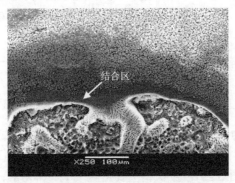

图 3.24　结合区的显微组织

热影响区的显微组织如图 3.25 所示。基体不同区域熔点的差异使得镁向涂层的扩散量不同，从而导致基体热影响区的显微组织产生变化：在镁向涂层中扩散较少区主要形成α-Mg 固溶体(图 3.25 中 A 区)，而在镁向涂层中扩散较多区域 Al 的相对含量增加，达到或接近共晶组织中 Al 含量，从而形成α-Mg + β-$Mg_{17}Al_{12}$ 共晶组织，如图 3.25 中 B 区所示。

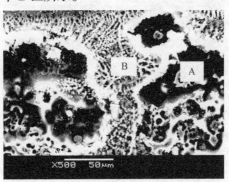

图 3.25　热影响区的显微组织

3.2.3　激光功率对涂层组织的影响

图 3.26 为不同激光功率下涂层 X 射线衍射谱。由图可知，激光功率不同导致

涂层镁稀释率产生差异，从而使不同功率下涂层的相组成发生变化。当激光功率为 2.5kW 时，涂层主要由 $Mg_{17}Al_{12}$、AlMg 和 $AlCu_4$ 金属间化合物组成；当激光功率增加到 3kW 时，由于涂层镁稀释率增加，$AlCu_4$ 金属间化合物消失，取而代之形成了 Al_2CuMg 金属间化合物。而当激光功率进一步增加到 3.5kW 时，Al_2CuMg 金属间化合物又被 $Mg_{32}Al_{47}Cu_7$ 金属间化合物所取代。

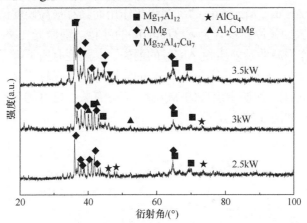

图 3.26　不同激光功率下涂层 X 射线衍射谱(Al-Cu 合金)

激光功率不仅对涂层相组成产生影响，对涂层的显微组织也具有较大影响。图 3.27 为不同激光功率下涂层的显微组织。由图可知，激光功率为 2.5kW 和 3kW 的涂层凝固组织基本相似，均为等轴晶 $Mg_{17}Al_{12}$ 上镶嵌的细小颗粒，只不过随着激光功率的增加等轴晶及颗粒尺寸增大，如图 3.27(a)和图 3.27(b)所示。而当激光功率增加到 3.5kW 时，激光功率的继续增加导致涂层结晶参数发生变化，等轴晶及颗粒相消失，涂层组织主要由排列疏松的长块状等多种凝固形态相组成，如图 3.27(c)所示。

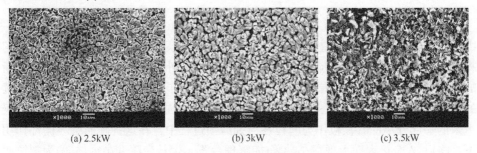

(a) 2.5kW　　　　　　　(b) 3kW　　　　　　　(c) 3.5kW

图 3.27　不同激光功率下涂层的显微组织(Al-Cu 合金)

3.2.4 激光功率对涂层性能的影响

1. 硬度

图 3.28 为不同激光功率下涂层横截面的硬度分布曲线。由图可知，涂层硬度随着激光功率的增加产生较大变化，其中激光功率为 2.5kW 的涂层由于细晶强化作用和硬质相 $AlCu_4$、$Mg_{17}Al_{12}$ 的沉淀强化作用而具有最高硬度值，其平均硬度约为 400HK，大约是原始镁合金硬度(80HK)的 5 倍。而激光功率为 3kW 的涂层由于细晶强化作用减弱及硬质相 $AlCu_4$ 的消失，其硬度有所下降，但仍比原始镁合金提高约 280%；而激光功率为 3.5kW 的涂层硬度下降较明显，其平均硬度只有 200HK，这可能与涂层中出现的 $Mg_{32}Al_{47}Cu_7$ 有关，也可能与涂层形成的疏松组织结构有关，如图 3.27(c)所示。

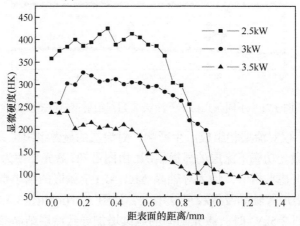

图 3.28 不同激光功率下涂层横截面的硬度分布

2. 耐磨性

图 3.29 为激光功率为 2.5kW、扫描速度为 300mm/min 时涂层的磨损形貌。由图可知，涂层磨损机制主要为磨粒磨损，与原始镁合金磨粒磨损所产生的犁沟相比(图 3.15(a))，涂层磨损表面的犁沟浅且窄。另外，涂层表面还显现出一些新的磨损形貌特征，即在涂层表面局部磨损单元出现了与滑动方向平行的、不连续的撕裂坑，其放大组织如图 3.29(b)所示，这种撕裂坑的产生是由于前期磨损剥落下来的一部分 $AlCu_4$ 颗粒作为磨粒参与到磨损过程中，在这些硬质磨粒循环作用下，将以 $AlCu_4$ 表面上现存小缺陷(如解理台阶、生长台阶和微突体等)为裂纹源发生脆性断裂，从而在 $AlCu_4$ 表面上形成不连续的撕裂坑。同时，撕裂坑的边缘也因硬质磨粒的作用变得十分粗糙，并且在 $AlCu_4$ 与对磨环对磨的起始边缘出现了明显的破断迹象。

(a) 涂层的低倍磨损形貌

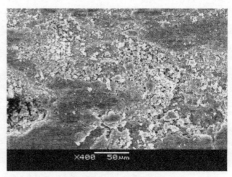
(b) 涂层的高倍磨损形貌

图 3.29　涂层的磨损形貌

随着激光功率的增加，涂层的磨损体积如图 3.30 所示，作以比较，原始镁合金的磨损体积也列入其中。由图可知，不同激光功率下涂层的磨损体积均比原始镁合金显著降低，其中激光功率为 2.5kW 的涂层磨损体积的降低幅度较大，约为原始镁合金磨损体积的 40%，耐磨性提高 60%。这主要是因为磨损过程中，硬质相 $AlCu_4$ 成为主要承载体，从而使涂层遭受较轻的犁削作用。但随着激光功率的增加，涂层耐磨性下降，这与涂层硬度随着激光功率的增加而降低有直接的关系。

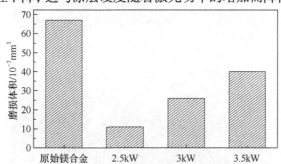

图 3.30　原始镁合金和不同激光功率下涂层的磨损体积

3. 耐蚀性

图 3.31 为原始镁合金和涂层在质量分数为 3.5% 的 NaCl 溶液中的阳极极化曲线。由图可知，与原始镁合金相比，涂层的自腐蚀电位约提高 348mV，这说明涂层在质量分数为 3.5% 的 NaCl 溶液中的腐蚀原动力(阴极和阳极的电位差)大为减小。与此同时，表征腐蚀动力学速率的自腐蚀电流密度也比原始镁合金降低了 2 个数量级，涂层的耐蚀性显著提高。

为分析涂层腐蚀机制，涂层腐蚀形貌如图 3.32 所示。与原始镁合金腐蚀表面 50~150μm 的腐蚀坑(图 3.19(a))相比，涂层腐蚀表面只存在直径为 1~5μm 的局

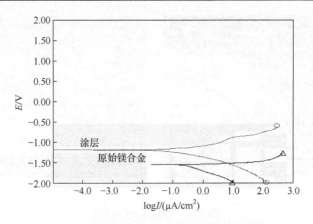

图 3.31 涂层和原始镁合金的阳极极化曲线

部腐蚀坑，X 射线衍射分析表明涂层腐蚀表面生成了大量的 Al_2O_3 氧化膜，这层致密氧化膜的生成阻止了腐蚀表面的进一步被侵蚀。另外，涂层中多种具有相近腐蚀电位的 Al 金属间化合物的形成及涂层组织细化使得电偶腐蚀程度减弱。以上因素的综合作用使得涂层的耐蚀性比原始镁合金显著提高。

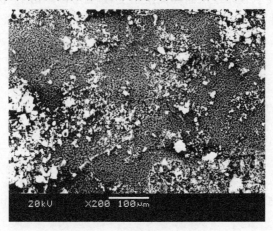

图 3.32 涂层的腐蚀形貌

3.3 本章小结

为了进一步改善镁合金的表面耐磨性和耐蚀性，本章研究了镁合金表面激光熔覆低熔点 Al-Si、Al-Cu 合金的涂层组织和性能特征，主要结论如下。

1) 激光熔覆 Al-Si 合金涂层结论

(1) 利用激光熔覆工艺在 AZ91HP 镁合金表面成功制备了 Al-Si 共晶合金涂

层。当激光功率为 3kW 和 3.5kW 时，熔覆层组织由黑色基体 $Mg_{17}Al_{12}$(体心立方晶体结构)上分布的树枝晶 Mg_2Si(面心立方晶体结构)和少量白色针状的 Mg_2Al_3(密排六方晶体结构)金属间化合物组成。当激光功率降为 2.5kW 时，由于 Mg 的稀释率降低，除了上述三种形态相外，涂层中还形成了大量花瓣状的 Mg_2Al_3(面心立方晶体结构)；而当激光功率增加到 4kW 时，Mg 的稀释率最大，涂层中除了 $Mg_{17}Al_{12}$、Mg_2Si 和 Mg_2Al_3 外还形成了 α-Mg 固溶体。

(2) 涂层性能由于多种镁金属间化合物的形成而有很大的提高。其中，激光功率为 3kW 和 3.5kW 的涂层，较多硬质相 Mg_2Si 和 $Mg_{17}Al_{12}$ 的形成使其硬度和耐磨性最好；而激光功率为 2.5kW 的涂层由于生成大量的 Mg_2Al_3，其硬度和耐磨性有所下降；激光功率为 4kW 的涂层由于存在硬度较低的 α-Mg 固溶体，其硬度和耐磨性下降的幅度更大。

(3) 涂层的耐蚀性由于电偶腐蚀程度的极大降低而比原始镁合金显著提高。尤其是在激光功率为 2.5kW 时，由于涂层中形成大量的电极电位较接近的 $Mg_{17}Al_{12}$ 和 Mg_2Al_3，其耐蚀性提高幅度最大。而激光功率为 4kW 的涂层由于存在一些与 $Mg_{17}Al_{12}$ 组成腐蚀电偶对的 α-Mg 固溶体，其耐蚀性不如其他功率提高显著。

2) 激光熔覆 Al-Cu 合金涂层结论

(1) 镁合金表面激光熔覆 Al-Cu 合金的研究也比较成功，在激光功率为 2.5kW 时，涂层组织为镶嵌在 AlMg 基体上的 $Mg_{17}Al_{12}$ 胞状晶和 $AlCu_4$ 等轴晶；而当激光功率增加到 3kW 时，由于 Mg 的稀释率增加，涂层中的 $AlCu_4$ 变为 Al_2CuMg 颗粒相；而激光功率进一步增加为 3.5kW 时，涂层组织则变成长条状等多种凝固组织形态。

(2) 涂层的性能随着激光功率的变化而产生较大的差异。其中，激光功率为 2.5kW 的涂层具有最佳的硬度和耐磨性，而当激光功率增加到 3kW 时，涂层硬度和耐磨性开始下降；尤其当激光功率增加到 3.5kW 时涂层平均硬度只有 200HK。涂层耐蚀性比原始镁合金有显著提高，激光功率为 2.5kW 的涂层的自腐蚀电流密度比原始镁合金降低了 2 个数量级，自腐蚀电位提高了 384mV。

参 考 文 献

[1] Chen C J, Wang M C, Wang D S. Laser cladding of an Al-11.7% Si alloy on ZM5 magnesium alloy to enchance the corrosion resistance. Cailiao Rechuli Xuebao, 2004, 25(5): 992-995.

[2] Mazurkiewicz B. The electrochemical behavior of the Al_8Mg_5 intermetallic compound. Corrosion Science, 1983, 23(7): 687-691.

[3] Lunder O, Lein J E, Aune T K, et al. The role of $Mg_{17}Al_{12}$ phase in the crorrosion of Mg alloy AZ91. Corrosion Science, 1989, 45(9): 741-748.

第 4 章　镁合金激光熔覆低熔点 Cu-Zr-Al 非晶合金涂层

Cu-Zr 基非晶合金因其特殊的结构和成分特征，不仅强度高、耐磨性好、耐蚀性好和延展性好[1]，而且为低熔点的非晶合金，与镁合金具有良好的物化相容性，是镁合金表面改性的理想材料。如果能利用具有较大冷却速率的激光熔覆技术在镁合金表面制备耐磨损、耐腐蚀的低熔点 Cu 基非晶合金涂层将具有重要的研究意义。为此，本章在依据团簇线判据优化设计 Cu-Zr-Al 非晶合金成分的基础上，采用激光熔覆技术在 AZ91HP 镁合金表面制备 $Cu_{58.1}Zr_{35.9}Al_6$ 非晶合金涂层，系统研究涂层的显微组织、硬度、弹性模量、耐蚀性和摩擦磨损特性等随激光工艺参数的变化规律。

4.1　实验材料和方法

4.1.1　熔覆材料成分设计及制备

团簇线判据是指在三元相图上二元特殊团簇与第三组元的成分连线，反映了优化的三元非晶相与二元团簇之间的结构联系，可视为从二元团簇向三元相的生长路径。为此，首先基于拓扑密堆、化学短程序和动力学三准则，在 Cu-Zr 体系中筛选出两个与非晶形成相关的特殊团簇结构，即二十面体 Cu_8Zr_5、附半八面体的阿基米德反棱柱 Cu_6Zr_5。然后在 Cu-Zr-Al 三元成分图中将上述团簇成分分别与第三组元 Al 相连构建两条团簇成分线，如图 4.1 所示。基于这些特殊成分线，利用铜模吸铸法和 X 射线衍射分析确定块体非晶的成分范围为：$(Cu_{0.618}Zr_{0.382})_{100-x}Al_x$ 系列，$x = 2.5\% \sim 6\%$（原子分数）；$(Cu_{0.56}Zr_{0.44})_{100-x}Al_x$ 系列，$x = 3.5\% \sim 8\%$（原子分数）。

热力学实验结果进一步表明，在所研究的整个非晶合金体系中表征玻璃形成能力最高参数值的成分为 $Cu_{58.1}Zr_{35.9}Al_6$，此成分位于 $Cu_{61.8}Zr_{38.2}$-Al 团簇线上，其中 $Cu_{61.8}Zr_{38.2}$ 是最深共晶点成分，也是 $Cu_8Zr_5(Cu_{61.8}Zr_{38.2})$ 二十面体团簇的成分。$Cu_{58.1}Zr_{35.9}Al_6$ 非晶合金高的约化玻璃转变温度（T_g = 760K）和宽的过冷液相区（ΔT_x = 39K），使过冷熔体能够在一个很宽的温度区间稳定存在，并在晶化过程中使合金熔体的原子重排变得迟缓，从而展示出很高的非晶形成能力，这为非晶涂层的制备提供了必要的前提条件。

第 4 章 镁合金激光熔覆低熔点 Cu-Zr-Al 非晶合金涂层

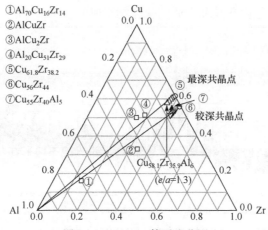

图 4.1 Cu-Zr-Al 体系成分图

图上标注了 $(Cu_{61.8}Zr_{38.2})_{1-x}Al_x$ 和 $(Cu_{56}Zr_{44})_{1-x}Al_x$ 变电子浓度线,空心三角形为在变电子浓度线上得到的块体非晶合金成分,并标注了最佳成分,实心三角形为已报道的参考成分,空心圆形为 Cu-Zr 共晶点成分,空心方形为三元相成分[2]

另外,Cu-Zr-Al 非晶合金与 AZ91HP 镁合金物化相容性较好:AZ91HP 镁合金的熔点约为 900K,Cu-Zr-Al 非晶合金的熔点约为 1100K[3],因此二者之间可以形成良好的冶金结合,进一步为镁合金表面激光熔覆 Cu-Zr-Al 非晶合金涂层的制备提供了保障。

经过以上分析,这里优选 $Cu_{58.1}Zr_{35.9}Al_6$ 非晶粉末为熔覆材料。将纯度分别为 99.9%的 Zr、99.99%的 Cu 和 99.999%的 Al 在氩气保护下,采用铜模电弧熔炼方法制备高纯母合金,并在铜坩埚中多次熔炼母合金,使其成分均匀化。将熔炼的母合金块砸碎并采用球磨机将其研磨成粒度约为 200 目的合金粉末。由于母合金硬度较高、韧性较好,磨球采用 Al_2O_3 金属陶瓷球,磨球直径为 15mm。

4.1.2 激光熔覆实验

首先将厚度为 0.5mm 的合金粉末预置于镁合金表面;然后在氩气气氛保护下采用 5kW 横流 CO_2 激光器进行单道激光熔覆。具体工艺参数为:光斑直径为 3mm,激光功率为 3.5~4.5kW,激光扫描速度为 0.5~2.0m/min。

4.2 涂层组织分析

图 4.2 为激光功率为 4.5kW、扫描速度为 2.0m/min 涂层的 X 射线衍射谱。由图可知,在 $2\theta=34°\sim46°$ 出现了表征非晶态的漫散包,其上叠加晶体相衍射峰。物相分析表明,晶体相为简单正交结构的 Cu_8Zr_3 和底心正交结构的 $Cu_{10}Zr_7$。因

此，激光熔覆涂层是由非晶和金属间化合物组成的。

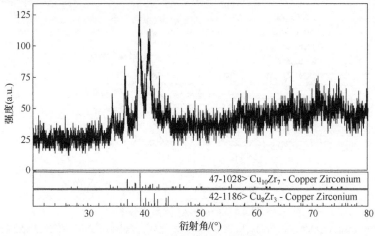

图 4.2 涂层的 X 射线衍射谱

由此可知，即使对于非晶形成能力较强的 $Cu_{58.1}Zr_{35.9}Al_6$ 合金在激光熔覆后仍存在一些晶化相，对其解释如下：激光熔覆机理与常规处理(如粉末合金、铸造等)截然不同。常规急冷时，熔体经较长时间加热，本质上是均匀的，熔体与急冷散热体之间的换热系数有限，因此常规急冷制备大块非晶的临界冷却速率可以认为是均匀的，熔体以均匀成核为主要机制。而激光熔覆是一种快速加热冷却过程，熔体液态驻留时间很短，本质上是不均匀的，且基体界面与熔体的换热系数趋于无穷大，这些特点使熔池中非均匀形核质点增多；再加上在基体与熔池界面区域处，基体晶体不经成核就向熔体外延快速生长；另外，采用手动方式预涂合金粉末时不可避免地夹杂进对非晶形成能力有较大影响的氧，这更增加了非晶涂层形成的难度。诸多因素提高了激光熔覆非晶的临界冷却速率，降低了其非晶形成能力。因此，用常规铜模铸造就可制得大块 $Cu_{58.1}Zr_{35.9}Al_6$ 非晶合金，在激光熔覆中只能得到非晶与晶体的复合组织。

衍射峰的强度是定量分析、织构程度测定和分析晶体原子面"平整"程度等工作中的关键参量，是由衍射线测出的重要参数，如忽略择优取向、显微吸收、消光等效应，试样中各个物相的某一衍射峰强度随该物相在试样中含量的增加而呈正比加强，因此可以用来判断物相的相对含量[4]。

涂层中非晶的含量可以由 X 射线衍射谱中非晶漫散包的积分强度与全部衍射峰积分强度之和的比求出[5]，即

$$X_a = \frac{I_a}{\sum I_c + I_a} \times 100\% \tag{4-1}$$

式中，X_a 为非晶含量；I_a 为非晶峰衍射强度；$\sum I_c$ 为晶体峰衍射强度。

为了获得较准确的 I_a 和 $\sum I_c$ 需对衍射图进行分峰，即在主要衍射峰段合理扣除背底，然后进行衍射强度修正，通过多次拟合将各个重叠峰分开，再测定各个峰的积分强度。

本章采用计算机分峰软件 Peakfit 对图 4.2 进行峰位分离，利用吸铸制备的标准 $Cu_{58.1}Zr_{35.9}Al_6$ 非晶合金的 X 射线衍射[3]对分离开的漫散峰段进行修正，计算各衍射峰的积分强度，从而得到涂层中的非晶含量。

图 4.3 为计算机峰位分离所得的衍射峰中心角和积分强度示意图。经计算，4.5kW、2.0m/min 时获得的涂层非晶含量为 60.56%。

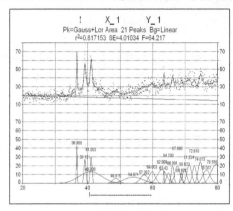

(a) 衍射峰中心角　　　　　　　(b) 衍射峰积分强度

图 4.3　计算机峰位分离图

通过 X 射线衍射还可以计算出涂层中产生衍射的晶粒尺寸。谢乐(Scherrer)给出了根据 X 射线衍射峰半高宽计算晶粒尺寸的计算方法。谢乐计算公式[5]如下：

$$\beta_m = \frac{k\lambda}{D\cos\theta} \tag{4-2}$$

式中，β_m 为 X 射线衍射峰半高宽；k 为常数，此处取 0.89；λ 为 X 射线的波长，此处为 1.5406Å；θ 为 X 射线衍射半角；D 为所测衍射线⟨hkl⟩方向的晶粒尺寸。

计算得到的涂层晶粒尺寸如图 4.4 所示。非晶复合涂层中晶化相的晶粒尺寸比较均匀，主要为 15～50nm，且以 15～25nm 为主。由此可知，激光熔覆所制备的涂层中也存在纳米晶。

在 17mL 去离子水+20mL 冰乙酸+50mL 乙二醇+1mL 浓硝酸腐蚀剂作用下熔覆试样横截面形貌如图 4.5(a)所示，主要由熔覆层、热影响区和基体(镁合金)组成。涂层组织致密，无裂纹和孔洞等缺陷存在，涂层与基体的热影响区呈牢固的冶金结合，且不存在裂纹。熔覆层和热影响区犬牙状结合界面如图 4.5(b)所示。涂层

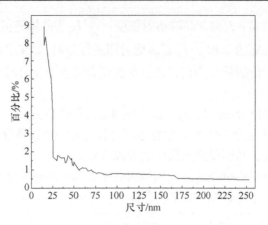

图 4.4 涂层晶粒尺寸

的热传导作用使基体镁合金表面发生微熔化，但这一过程因受晶粒取向和晶界的影响，基体表面熔化出现了不均一性，结果导致界面呈现出犬牙状形貌特征。这一界面结合特征有利于涂层与基体之间保持良好的冶金结合。定量分析表明，在界面结合区涂层一侧，因受基体的稀释作用，该微区 Mg 元素的含量高达 19.67%，其平均化学成分为 $Cu_{59.77}Zr_{15.52}Al_{4.95}Mg_{19.76}$。而在界面结合区热影响区一侧，因 Mg 元素向涂层内扩散，该区成分向共晶点偏移，在快速冷却后形成了细小的 $\alpha\text{-}Mg+\beta\text{-}Mg_{17}Al_{12}$ 树枝晶组织，其平均化学成分为 $Mg_{73.54}Al_{26.46}$。

(a) 镁合金和热影响区界面

(b) 热影响区和熔覆层界面

图 4.5 涂层的横截面形貌

熔覆层经 5%HNO_3+5%HCl+3%HF 腐蚀剂腐蚀后，其显微组织如图 4.6 所示。由图可知，熔覆层呈现出表征非晶组织的无衬度形貌特征。

为进一步研究非晶复合涂层的精细结构，在透射电子显微镜下进行了形貌观察和电子衍射分析。具体试样的制备过程如下：用切样机沿熔覆试样横截面切下厚 0.35mm 的薄片，机械减薄至 30～40μm，用硝酸+甲醇+丙三醇按体积比 5∶13∶2

图 4.6 熔覆层的显微组织

配制的电解液将样品双喷减薄，制成透射电子显微镜样品。双喷实验参数为：操作电压为 10V，电流为 70mA，液氮冷却至−40℃。

通过透射电子显微镜观察发现，涂层中存在大面积的无质量衬度区，其明场像如图 4.7(a)所示。由图可知，涂层的微观组织结构非常均匀，在高倍数下观察不到单个的晶粒和晶界，可以判断所观察的这部分涂层为非晶态结构，相应的选区衍射具有明显的非晶漫散晕环；图 4.7(b)为另一视场下观察到的涂层组织形貌，在这一区域存在纳米晶生长区，可明显看到尺寸为 15～25nm 的纳米晶，其相应的衍射斑环如图 4.7(b)所示。

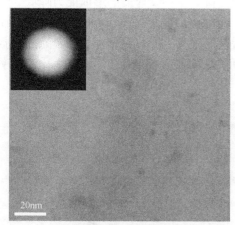

(a) 非晶明场像及衍射环

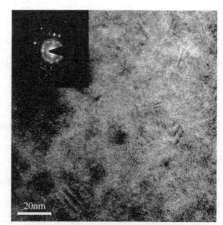

(b) 纳米晶明场像及衍射环

图 4.7 涂层的透射电子显微镜组织

因此，由 X 射线衍射和透射电子显微镜分析可知，涂层组织中不仅存在非晶相还含有纳米晶相。涂层复杂结构的形成意味着激光熔覆时凝固行为的复杂性，它不仅受控于涂层材料与基体的熔化和传质的特性,还与晶体学特征有很大关系。当激光扫过涂覆粉末时,熔融合金内部将以对流传质为主进行元素的扩散与重组,对流传质保证了熔融合金的均一性,在一些黏滞性较大的区域,满足非晶成分,晶体成核也较困难,这部分区域将形成非晶区。而在微区也存在少量活性元素的短程扩散,可导致一些化学亲和力较强的元素相互化合,并成为进一步形核长大的核心。Cu-Zr 具有较大的负混合焓,这些化合物的形成将附近区域温度升高,促使形成的非晶相晶化成晶体相,又因激光熔覆过程中的冷却速率可达 $10^4 \sim 10^5$℃/s,在这种快速冷却条件下晶化相来不及通过元素的扩散来完成晶体相的成核长大过程,最终形成非晶纳米晶复合涂层。

4.3 激光工艺参数对涂层组织的影响

4.3.1 激光功率对涂层非晶含量的影响

图 4.8 为扫描速度为 0.5m/min、不同激光功率下涂层 X 射线衍射谱;相应的非晶含量计算如图 4.9 所示。由图可知,随着激光功率的增加,涂层中非晶含量先增加后降低。这主要是因为在较小功率时,热输入总量小,熔池寿命缩短,当短到一定程度时熔池内合金成分来不及充分混合,各微小体积单元之间的成分出现差异。由于处在共晶点的成分非晶的形成能力最大,偏离共晶点成分时都将因液相线温度的升高而使约化玻璃转变温度下降,从而使非晶的形成能力降低。因此,当成分不均匀的熔体过冷到低温时,可能在偏离共晶成分、非晶形成能力较差的微小区域内首先形成晶体相。这些晶体相又可立即成为相邻体积单元的杂质而满足相邻微区非均匀形核的条件,从而降低相邻区域非晶的形成能力。当功率

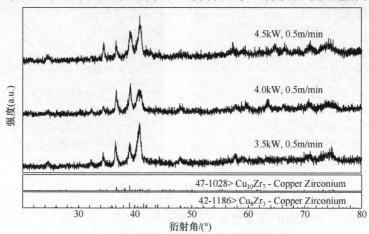

图 4.8 不同激光功率下涂层 X 射线衍射谱

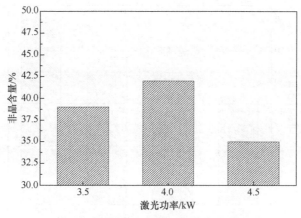

图 4.9 不同激光功率下涂层非晶含量

增大时,能量输入增加,熔池寿命延长,熔池内的成分经对流扩散而均匀化,非晶形成能力增大,从而使涂层中的非晶含量增大。但功率也不是一直增加为好,当功率增加较大时,基体对涂层的稀释作用会增大,从而影响涂层的非晶形成能力。例如,当激光功率增加到 4.5kW 时,涂层非晶含量反而降低。

4.3.2 激光扫描速度对涂层非晶含量的影响

当激光功率为 4.5kW 时,不同扫描速度下涂层的 X 射线衍射谱与非晶含量分别如图 4.10 和图 4.11 所示。由图可知,在所选参数范围内,随着扫描速度的增加,涂层非晶含量增加。这主要是因为扫描速度的增加提高了涂层中熔池的冷却速率,从而使涂层中熔体的非晶形成能力增强。然而,可以预测涂层中非晶含量并不是随着扫描速度的增加而一直增加,当扫描速度增加到某一极限值后,随着扫描速

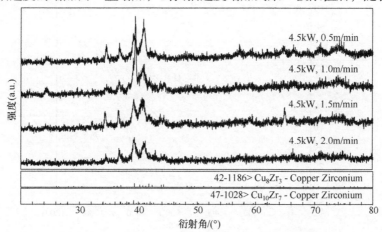

图 4.10 不同扫描速度下涂层的 X 射线衍射谱

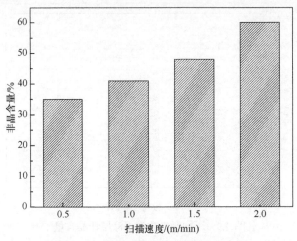

图 4.11 不同扫描速度下涂层非晶含量

度的增加,涂层中非晶含量反而降低,其原因与激光功率较低导致涂层中非晶含量降低的原因类似。

4.4 激光工艺参数对涂层性能的影响

4.4.1 激光扫描速度对涂层硬度和弹性模量的影响

图 4.12 给出了最大压痕深度为 1000nm、激光功率为 4.5kW 时,不同扫描速度下非晶复合涂层、热影响区和原始镁合金的载荷-深度曲线。由图可知,非晶复合涂层、热影响区和原始镁合金的峰值载荷存在较大差异。非晶复合涂层由于本

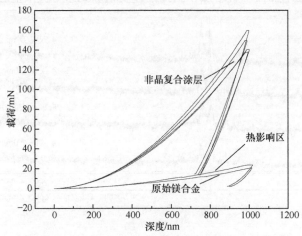

图 4.12 不同扫描速度下非晶复合涂层、热影响区和原始镁合金的载荷-深度曲线

身材料特性及激光强化作用,其峰值载荷为 140~160mN,而热影响区由于细化树枝晶的形成,其峰值载荷略高于原始镁合金(17mN),约为 20mN。因此,在相同条件下,非晶复合涂层具有较强抵抗外加负荷的能力。当卸载后,非晶复合涂层的残余深度约为 650nm,而原始镁合金的残余深度约为 900nm,由此可知非晶复合涂层具有较强的弹性恢复能力。

积分后可知不同扫描速度下非晶复合涂层的压入弹性功 η_{IT} 基本相同,约为 0.572;各热影响区也基本相同,约为 0.216,都高于基体的 0.149。压入弹性功 η_{IT} 表征了材料抵抗塑性变形的能力,因此在相同载荷作用下 Cu-Zr-Al 非晶复合涂层抗塑性变形能力比镁合金约提高 2.8 倍。

由图 4.12 所示的载荷-深度曲线可知,非晶复合涂层、热影响区和镁合金的弹性模量与硬度如图 4.13 所示。不同扫描速度下非晶复合涂层的平均弹性模量为 130~170GPa,而热影响区和镁合金的平均弹性模量较低,只有 40~45GPa,非晶复合涂层的平均弹性模量约是热影响区和镁合金的 3.5 倍,所以非晶复合涂层具有较高的抗弹性变形能力,在相同应力作用下非晶复合涂层产生的弹性变形较小,如图 4.13(a)所示。由图 4.13(b)可知,非晶复合涂层的平均硬度为 7.965~9.225GPa,而镁合金和热影响区的硬度只有 1.14GPa 和 0.8GPa,非晶复合涂层的平均硬度约是热影响区硬度的 10 倍。本书所获得的 Cu 基非晶涂层的硬度与已研制的镁合金表面激光熔覆低熔点晶体涂层[6-9]相比,硬度显著提高 4GPa;与胡乾午等[10]在 SiC 强化的镁基复合材料激光熔覆高熔点不锈钢涂层的硬度相当,但其所制备的高熔点不锈钢涂层需采用多层过渡层方法,如利用等离子喷涂预制涂层,而本书只需利用激光熔覆技术即可将低熔点、高硬度的 Cu 基非晶涂层熔覆在镁合金表面。

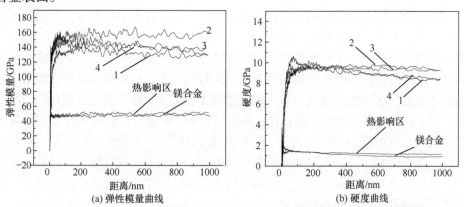

图 4.13 不同扫描速度下非晶复合涂层、热影响区和镁合金的弹性模量曲线和硬度曲线
1-0.5m/min;2-1.0m/min;3-1.5m/min;4-2.0m/min

另外，铜模吸铸的大块 Cu 基非晶的性能研究表明，其硬度最高值只能达到 6GPa，而经激光熔覆处理所形成的非晶纳米晶涂层的硬度约为 10GPa，约是铜模吸铸的大块 Cu 基非晶硬度的 1.5 倍，这种硬度的差异与材料组织结构有直接关系。铜模吸铸的大块 Cu 基非晶是在近似平衡加热条件下形成的短程有序而长程无序相，具有结构和化学的均匀性，内部无晶界。而激光熔覆涂层的高硬度主要与激光快速加热及冷却下所形成的纳米晶强化有关。

随着扫描速度的增加，涂层硬度略有变化，在扫描速度为 1.0m/min 时获得最大值，分析原因可能为扫描速度对非晶和晶体硬度的影响存在差异。对于非晶合金，由于其不存在晶粒与晶界，原子呈长程无序排列，且尽可能致密堆积，形成致密随机堆垛结构。这种堆垛结构的紧密化程度在很大程度上决定了非晶的力学性能，紧密化程度越高，试样抵抗变形的能力就越强，硬度就越高。而紧密化程度的大小又取决于非晶的组元和形成非晶时冷却速率的大小。对于同一种成分的非晶合金，较小冷却速率的试样比较大冷却速率的试样中原子有较长时间向紧密化程度排列，所以其紧密化程度较高，可得到较高的硬度值。在其他激光工艺参数固定的情况下，扫描速度增加可获得较大的冷却速率，从而可降低涂层的致密化程度，硬度降低。而晶态合金则恰恰相反，众所周知，晶态合金的力学性能与其晶粒度密切相关，晶粒越小，晶界对形变的阻力作用越大，硬度越高；扫描速度增加可获得较大的冷却速率，从而可获得细小晶粒，硬度提高。因此，正是扫描速度对非晶相和晶体相存在两种截然相反的影响趋势，才使得涂层硬度在扫描速度为 1.0m/min 时获得最高值。

4.4.2 激光扫描速度对涂层耐磨性的影响

关于原始镁合金的磨损机制在前面章节已讨论，这里不再赘述。下面详细分析非晶复合涂层的磨损机理。图 4.14(a)为涂层在载荷为 5N、滑动距离为 5mm、实验时间为 30min、干摩擦条件下典型的摩擦系数随磨损时间的变化曲线。由图可知，涂层的摩擦系数比原始镁合金摩擦系数(0.3)高，分析其可能的原因是：非晶纳米晶复合涂层的高硬度使 GCr15 摩擦副磨损严重，即与复合涂层对磨的摩擦副有较多的损失量。这就导致在稳定磨损过程中，涂层与 GCr15 摩擦副间所发生的磨损在更大的接触面积上进行。根据文献[11]可知，大接触面积上发生机械啮合的接触点增多，同时大接触面积上强烈的分子吸引力也相应增大，这就直接导致由机械啮合与分子吸引力产生的切向阻力之和，即摩擦副间的摩擦力增大，从而使测得的涂层的摩擦系数较大。

另外，涂层的摩擦系数在磨损初期较低，约为 0.08。然而，随着磨损时间的延长，在无润滑剂的前提下，摩擦副表面在长时间磨损后会产生大量的热，再加上对磨件表面存在着细微凸起,在这些因素的作用下涂层发生黏着磨损,从而使摩擦系数增加到 0.48;然后随着黏着磨损的发生,在磨损局部区域 GCr15 钢球与涂层中的硬质颗粒接触时产生的摩擦力使少量硬质颗粒从涂层脱离,这些颗粒很容易嵌入 GCr15 钢球表面,并在随后的磨损中挤压刺入涂层表面,像刨子或犁一样在涂层磨损表面滑动,从而使涂层形成细小沟槽,摩擦系数增加至 0.6。随着磨损时间的延长,摩擦系数趋于稳定。由图 4.14(b)可明显看出,涂层磨损表面存在磨粒磨损特征的犁沟并伴有少量的层片状剥落。

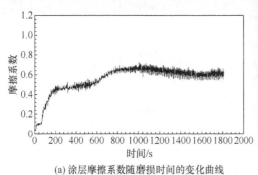
(a) 涂层摩擦系数随磨损时间的变化曲线

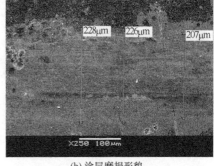
(b) 涂层磨损形貌

图 4.14 涂层摩擦系数随磨损时间的变化曲线和相应的磨损形貌

在上述磨损条件下,原始镁合金和激光功率为 4.5kW、扫描速度为 0.5~2.0m/min 的涂层的磨损体积如图 4.15 所示。由图可知,涂层磨损体积为 2.5×10^{-3}~3.2×10^{-3}mm^3,而原始镁合金的磨损体积为 7×10^{-2}mm^3,涂层耐磨性明显优于原始镁合金。涂层高含量的强韧性非晶相与高硬度金属间化合物的混杂结构,使涂层抗磨粒磨损能力、黏着磨损能力显著增强,从而使涂层耐磨性比原始镁合金显著提高。另外,随着扫描速度的增加,涂层磨损体积的变化不大。

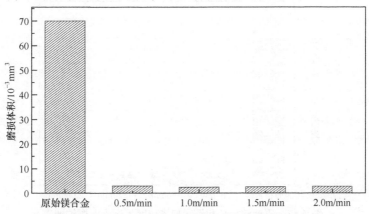

图 4.15 原始镁合金和不同扫描速度下涂层的磨损体积

4.4.3 激光扫描速度对涂层耐蚀性的影响

图 4.16 为原始镁合金和激光功率为 4.5kW、不同扫描速度的涂层在质量分数为 3.5%的 NaCl 溶液中随浸泡时间增加的失重简图。由图可知,随着浸泡时间的增加,非晶复合涂层受溶液腐蚀所产生的质量变化较小,不同浸泡时间涂层各质量点的连线斜率较小,接近于 0;而原始镁合金随浸泡时间的增加失重显著增大,不同浸泡时间各质量点的连线斜率极大。

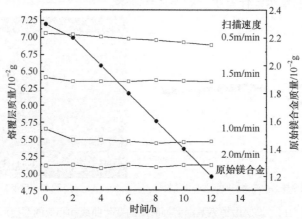

图 4.16 随浸泡时间增加涂层和原始镁合金腐蚀失重

图 4.17 为原始镁合金和不同扫描速度下涂层的腐蚀速率。由图可知,涂层的腐蚀速率远低于原始镁合金,与原始镁合金相比,涂层的耐蚀性提高 8~20 倍。非晶复合涂层具有如此高的耐蚀性,是因为涂层中存在大量以单相结构为主、成分分布比较均匀、不产生结构缺陷的非晶相。这些非晶相具有高的活性能够促进钝化膜的快速形成,具有较高的抗腐蚀性能,特别是抗氯离子点蚀能力。非晶复

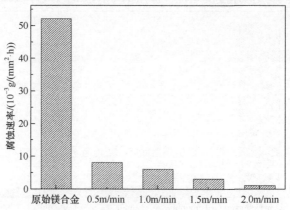

图 4.17 原始镁合金和不同扫描速度下涂层的腐蚀速率

合涂层是通过快速凝固形成的,在凝固过程中原子来不及扩散,防止了晶体等异物、析出物、偏析以及其他成分起伏,阻碍了腐蚀液的侵入。因此,非晶复合涂层的形成使涂层具有良好的耐蚀性。

另外,由图 4.17 还可得出,随着扫描速度的增加,涂层非晶含量增加,耐蚀性显著提高。浸泡实验现象表明,扫描速度为 2.0m/min 的涂层即使浸泡 12h 也没发现大量气泡产生,涂层表面基本不受腐蚀,其腐蚀速率约为原始镁合金的 1/26,耐蚀性比胡乾午等[10]研究镁合金激光熔覆低熔点的 $Cu_{60}Zn_{40}$ 合金涂层的耐蚀性还要好。

原始镁合金和涂层在质量分数为 5%的 NaCl 溶液中浸泡 36h 后的腐蚀形貌如图 4.18 所示。由图 4.18(a)可知,原始镁合金腐蚀表面呈现出全面点蚀状态,α-Mg 被严重腐蚀,已经形成较深的黑色腐蚀洞,宏观上看这些黑色的深洞更加明显;而非晶复合涂层腐蚀表面平整,可明显看到大量白色的非晶保护层覆盖在涂层大部分区域,如图 4.18(b)所示。涂层大量非晶相的存在可阻碍 Cl^- 的侵入,保护涂层不被进一步侵蚀。

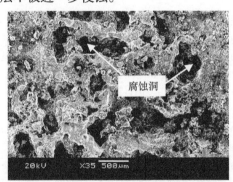
(a) 原始镁合金的腐蚀形貌

(b) 涂层的腐蚀形貌

图 4.18　原始镁合金和涂层的腐蚀形貌

4.5　本章小结

本章主要是把具有较强非晶形成能力的 Cu-Zr-Al 非晶合金应用到激光熔覆领域中,在镁合金表面进行激光熔覆低熔点 $Cu_{58.1}Zr_{35.9}Al_6$ 非晶复合涂层,利用非晶的高硬度、耐磨损和耐腐蚀特性改善镁合金表面耐磨、耐蚀性差的问题,得到的主要结论如下。

(1) 采用高功率、快速扫描的激光熔覆工艺在镁合金表面激光熔覆 Cu-Zr-Al 非晶粉末得到的合金涂层由非晶态相、晶体相 Cu_8Zr_3 和 $Cu_{10}Zr_7$ 构成。涂层中存在的纳米晶尺寸为 10~50nm。在所选激光工艺参数范围内,涂层中非晶含量随着激光功率的增加呈先增后降的趋势,随着激光扫描速度的增加而增加。

(2) Cu-Zr-Al 非晶纳米晶复合涂层具有高的抗载荷能力、硬度、弹性模量和耐磨损性,且非晶相的形成可使涂层具有极佳的耐蚀性。涂层的硬度和耐磨性随着扫描速度的增加没有明显的变化趋势,耐蚀性则随着扫描速度的增加而显著提高。

(3) 镁合金表面低熔点 Cu 基非晶复合涂层比低熔点 Mg、Al 系合金涂层具有较高的耐磨性和耐蚀性。

参 考 文 献

[1] Inoue A, Zhang W, Zhang T, et al. High-strength Cu-based bulk glassy alloys in Cu-Zr-Ti and Cu-Hf-Ti ternary systems. Acta Materialia, 2001, 49(14): 2645-2652.
[2] 王清, 王英敏, 羌建兵, 等. Cu 基 Cu-Zr-Al 块体非晶合金的成分设计. 金属学报, 2004, 40(11): 1183-1188.
[3] 王清. 团簇线判据及 Cu-Zr(Hf)基三元块体非晶合金形成. 大连: 大连理工大学博士学位论文, 2005.
[4] 漆璨, 戎泳华. X 射线衍射与电子显微分析. 上海: 上海交通大学出版社, 1992.
[5] 李华瑞. 材料 X 射线衍射分析实用方法. 北京: 冶金工业出版社, 1994.
[6] Chen C J, Wang M C, Wang D S. Laser cladding of an Al-11.7%Si alloy on ZM5 magnesium alloy to enchance the corrosion resistance. Cailiao Rechuli Xuebao, 2004, 25(5): 992-995.
[7] Takagi T, Shibata H, Kamado S, et al. Surface modification of AZ91D magnesium alloy by laser cladding. Journal of Japan Institute of Light Metals, 2001, 51(11): 619-624.
[8] Wang A H, Yue T M. YAG laser cladding of an Al-Si alloy onto an Mg/SiC composite for the improvement of corrosion resistance. Composites Science and Technology, 2001, 61: 1549-1554.
[9] Ignat S, Sallamand P, Grevey D, et al. Magnesium alloy laser cladding and alloying with side injection of aluminium powder. Applied Surface Science, 2004, 225: 124-134.
[10] 胡乾午, 刘顺洪, 李志远, 等. 镁基金属复合材料与不锈钢激光熔敷层的结合界面特征. 材料热处理学报, 2001, 22(4): 31-35.
[11] 戴雄杰. 摩擦学基础. 上海: 上海科学工业出版社, 1984.

第5章 镁合金激光熔覆高熔点 Al_2O_3 陶瓷涂层

与前面所研究的镁合金表面激光熔覆低熔点涂层不同,本章主要探索在低熔点镁合金表面激光熔覆高熔点陶瓷涂层的研究。Al_2O_3 陶瓷材料具有耐磨、耐蚀、耐热和抗高温氧化等优异性能,且价格便宜,是陶瓷涂层制备的首选材料。然而,由于 Al_2O_3 陶瓷熔点较高(2300K),而镁合金熔点较低(900K),所以在低熔点镁合金表面制备高熔点的陶瓷涂层存在一定的难度,若能通过采取过渡层的方法控制激光工艺参数,使耐磨损、耐腐蚀的陶瓷涂层熔覆于镁合金表面,无疑将使镁合金表面的耐磨性、耐蚀性显著提高。在各种陶瓷涂层的制备方法中,等离子喷涂技术得到广泛应用[1-3]。然而,等离子喷涂获得的陶瓷涂层由微米级粒子堆积而成,其组织不均匀,存在许多孔洞,降低了陶瓷涂层的使用性能,特别是耐腐蚀性能[4-5]。作为等离子喷涂陶瓷涂层封孔技术之一的激光熔覆,可提高等离子喷涂层的耐磨蚀性[6-8]。为此,本章采用 Al-Si 共晶合金作为过渡层缓解涂层与基体间的热应力,利用激光重熔等离子喷涂层的复合工艺在镁合金表面制备 Al_2O_3 陶瓷涂层;采用有限差分法对涂层横截面温度分布及不同工艺参数下温度变化进行模拟,研究等离子喷涂陶瓷涂层和激光熔覆陶瓷涂层组织、性能的变化特征。

5.1 实验材料和方法

涂层材料分别为粒度为 38~74μm 与 44~104μm 的 Al_2O_3 陶瓷粉和 Al-Si 共晶合金粉末。首先,采用等离子喷涂法依次将 Al-Si 共晶合金和 Al_2O_3 陶瓷粉预置于镁合金基体上,工艺参数如表 5.1 所示。

表 5.1 等离子喷涂工艺参数

涂层	主气流量 V/(m³/h)	辅气流量 V/(m³/h)	电压 U/V	电流 I/A	转速 n/(r/min)	厚度/mm
Al-Si	37.6	7.05	500	65	20	0.2
Al_2O_3	37.6	7.05	500	70	35	0.1

Al_2O_3 陶瓷热导率较低,且利用等离子喷涂预置涂层,喷涂层所产生的气孔、气隙等对热传导存在阻碍作用,这使得涂层的导热性能进一步降低。但 Al_2O_3 陶

瓷对激光的吸收率较高,以上因素共同决定了激光熔覆处理应采用能量密度较低的工艺参数进行,故本章采用 5kW 横流 CO_2 激光器对等离子喷涂层进行激光重熔处理,具体工艺参数如表 5.2 所示。

表 5.2 激光熔覆工艺参数

样品	激光功率/W	扫描速度/(mm/min)	光斑尺寸	能量密度/(J/mm^2)
1	1200	700	10mm×1mm	10.2
2	1200	500	10mm×1mm	14.1
3	1200	400	10mm×1mm	18.0
4	1200	300	10mm×1mm	24.0
5	1300	500	10mm×1mm	15.6
6	1100	500	10mm×1mm	13.2
7	1000	500	10mm×1mm	12.0

5.2 激光熔覆陶瓷涂层温度场模拟

5.2.1 温度场模拟方法

1. 模型建立的前提条件

激光熔覆是高能量密度的激光束作用于材料表面所产生的快速熔凝过程,是一个涉及相变、热传导、热对流和热辐射的三维非稳态传热的热力学过程。关于本书中温度场的数值模拟,由于采用等离子喷涂预置 Al_2O_3 陶瓷涂层,喷涂层的导热性能除了陶瓷材料本身在不同温度条件下的电子热传导、声子热传导和光子热传导外,还增加了等离子喷涂所产生的气孔、气隙等对热传导的阻碍,即热阻。研究表明,等离子喷涂层的热导率比陶瓷粉末降低 1 个数量级[9];另外,Al-Si 合金的采用,可使涂层热量的散失涉及 Al-Si 合金和基体镁合金两种材料对涂层的冷却作用,这两方面的原因使涂层热量的散失过程极其复杂。因此,为了简化计算,忽略基体对涂层所产生的冷却作用和等离子喷涂对陶瓷涂层热导率的影响,即忽略 Z 方向导热,采用二维模型来近似描述激光熔覆处理的传热过程,在这个二维模型中采用以下假设。

(1) 材料的热物性参数不随温度变化。

(2) 不考虑相变潜热,本书中相变潜热较小,只是部分 γ-Al_2O_3 转变为 α-Al_2O_3,而且涂层厚度较薄(0.2mm),所以涂层潜热影响忽略不计。

(3) 由于激光加热时间极短,不考虑液体内部的流动对温度场的影响。

(4) 考虑工件的辐射与空气对流换热。
(5) 入射激光束能量为多模分布。
(6) 材料各向同性。
(7) 工件为二维有限大物体。

2. 热传导方程

计算的温度场是准稳态温度场，在加工进行一段时间后，移动坐标系中的温度场基本保持不变。因此，选择加热过程中的某一时刻，将移动坐标系建立在此刻的光斑中心上，并在其周围选择一个大小合适的计算区域，坐标系原点处于矩形光斑中心处，如图 5.1 所示。

材料内部的热传导方程为

$$\frac{\partial T}{\partial t} = \alpha \left(\frac{\partial^2 T}{\partial x^2} + \frac{\partial^2 T}{\partial y^2} \right) \tag{5-1}$$

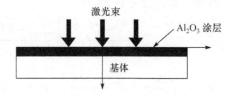

图 5.1 二维平板激光熔覆示意图

式中，$\alpha = \dfrac{\lambda}{\rho c_p}$ 为材料的热扩散率；ρ 为密度；c_p 为比热容；λ 为热导率；T 为温度；t 为时间。材料的热物性参数比热容 c_p、热导率 λ 和密度 ρ 均不随温度变化。

3. 边界条件

上表面：

$$-\lambda \frac{\partial T}{\partial y} = -Q(x,t) \tag{5-2}$$

其他表面：

$$-\lambda \frac{\partial T}{\partial n} = h(T - T_a) \tag{5-3}$$

式中，T 为工件表面的温度；T_a 为环境温度；n 为其他表面的外法线方向；h 为材料表面总的换热系数，包括空气对流和热辐射换热，$h = h_k + h_s$，h_k 为对流换热系数，h_s 为辐射换热系数。

激光光斑能量分布函数 $Q(x,t)$ 为

$$Q(x,t) = \frac{PA}{6\pi R^2} \exp\left[-\frac{x^2 + (Vt)^2}{2R} \right] \tag{5-4}$$

式中，P 为激光功率；A 为吸收系数；R 为激光光斑长度的 1/2；V 为激光光斑运

动速度。

4. 初始条件

初始时刻工件整体温度分布均匀，$T|_{t=0}=T_0$，T_0 为常数，取 293K。

5. 有限差分方程

由于激光光束的对称性，可取工件整体区域的 1/2 求解。X 方向节点数为 N_1，Y 方向节点数为 N_2。X 方向的步长为 Δx，Y 方向的步长为 Δy，时间步长为 Δt，内部节点差分方程为

$$\frac{T_{i,j}^{n+1}-T_{i,j}^{n}}{\Delta t}=\alpha\left[\frac{T_{i+1,j}^{n}-2T_{i,j}^{n}+T_{i-1,j}^{n}}{(\Delta x)^2}+\frac{T_{i,j+1}^{n}-2T_{i,j}^{n}+T_{i,j-1}^{n}}{(\Delta y)^2}\right] \tag{5-5}$$

令 $F_x=\dfrac{\alpha\Delta t}{(\Delta x)^2}$，$F_y=\dfrac{\alpha\Delta t}{(\Delta y)^2}$，$F_1=1-2F_x-2F_y$，则内部节点差分方程变为

$$T_{i,j}^{n+1}=F_1 T_{i,j}^{n}+F_x(T_{i+1,j}^{n}+T_{i-1,j}^{n})+F_y(T_{i,j+1}^{n}+T_{i,j-1}^{n}) \tag{5-6}$$

四条线边界节点的差分方程为

$$T_{1,j}^{n+1}=F_1 T_{1,j}^{n}+2F_x T_{2,j}^{n}+F_y(T_{1,j+1}^{n}+T_{1,j-1}^{n}) \tag{5-7}$$

$$T_{i,1}^{n+1}=F_1 T_{i,1}^{n}+F_x(T_{i+1,1}^{n}+T_{i-1,1}^{n})+2F_y T_{i,2}^{n}+\frac{2h\Delta t}{\rho c_p \Delta y}(T_a-T_{i,1}^{n})+Q(i) \tag{5-8}$$

$$T_{i,N_2}^{n+1}=F_1 T_{i,N_2}^{n}+F_x(T_{i+1,N_2}^{n}+T_{i-1,N_2}^{n})+2F_y T_{i,N_2-1}^{n}+\frac{2h\Delta t}{\rho c_p \Delta y}(T_a-T_{i,N_2}^{n}) \tag{5-9}$$

$$T_{N_1,j}^{n+1}=F_1 T_{N_1,j}^{n}+2F_x T_{N_1-1,j}^{n}+F_y(T_{N_1,j-1}^{n}+T_{N_1,j+1}^{n})+\frac{2h\Delta t}{\rho c_p \Delta x}(T_a-T_{N_1,j}^{n}) \tag{5-10}$$

四个角边界节点的差分方程为

$$T_{1,1}^{n+1}=F_1 T_{1,1}^{n}+2F_x T_{2,1}^{n}+2F_y(T_{1,2}^{n}+T_{1,j-1}^{n})+\frac{2h\Delta t}{\rho c_p \Delta y}(T_a-T_{1,1}^{n})+Q(1) \tag{5-11}$$

$$T_{1,N_2}^{n+1}=F_1 T_{1,N_2}^{n}+2F_x T_{2,N_2}^{n}+2F_y T_{1,N_2-1}^{n}+\frac{2h\Delta t}{\rho c_p \Delta y}(T_a-T_{1,N_2}^{n}) \tag{5-12}$$

$$T_{N_1,1}^{n+1}=F_1 T_{N_1,1}^{n}+2F_x T_{N_1-1,1}^{n}+2F_y T_{N_1,2}^{n}+\frac{2h\Delta t}{\rho c_p \Delta y}(T_a-T_{N_1,1}^{n})+Q(N_1) \tag{5-13}$$

$$T_{N_1,N_2}^{n+1}=F_1 T_{N_1,N_2}^{n}+2F_x T_{N_1-1,N_2}^{n}+2F_y T_{N_1,N_2-1}^{n}+\frac{2h\Delta t}{\rho c_p}\left(\frac{1}{\Delta y}+\frac{1}{\Delta x}\right)(T_a-T_{N_1,N_2}^{n}) \tag{5-14}$$

6. 模型的实现

根据上述模型,这里编制了激光熔覆过程中瞬态温度场的计算机程序,主程序用 FORTRAN 语言编写,并在计算机上得以实现。

Al_2O_3 陶瓷的热物性参数如表 5.3 所示。

表 5.3 Al_2O_3 陶瓷的热物性参数

热物性参数	数值
密度 $\rho/(g/cm^3)$	3.89
比热容 $c_p/(J/(g \cdot K))$	0.87
热导率 $\lambda/(W/(cm \cdot K))$	0.21
吸热系数 A	0.7
熔点 $T_m/℃$	2050

7. 模型的验证

不同工艺参数下熔凝层厚度的计算值与实测值的比较结果如图 5.2 所示。由图可知,在不同工艺参数下,熔凝层厚度的计算值与实测值都符合较好,所以此结果验证了上述模型的可行性。

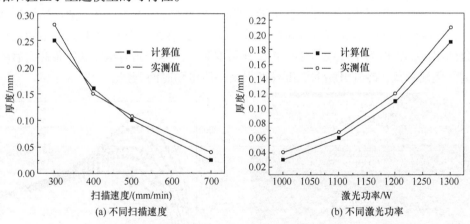

图 5.2 熔凝层厚度的计算值与实测值比较

5.2.2 温度场模拟结果

1. 涂层横截面的温度分布

图 5.3 为利用上述模型计算所得的激光功率为 1100W、扫描速度为

500mm/min 的涂层在激光加热时间为 1.84302s 时横截面温度云图。由图可知，涂层表层温度为 2000~2300℃，为 Al$_2$O$_3$ 的熔化温度区间(2050℃)，厚度为 0.05~0.07mm；次表层温度为 1700~2000℃，为 Al$_2$O$_3$ 的烧结温度区间(1800℃)，厚度为 0.065~0.01mm，然后是温度为 1700℃ 以下的低温区。

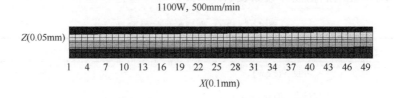

图 5.3　涂层横截面温度云图

图 5.4 为激光熔覆 Al$_2$O$_3$ 涂层的横截面形貌，按组织形态不同从上至下依次可分为柱状晶区、团状组织、层状组织。利用扫描电子显微镜测得柱状晶厚度为 0.06875mm，在涂层熔化区范围内(0.05~0.07mm)，而团状组织厚度为 0.075mm，在涂层烧结区范围内(0.065~0.1mm)，所以从涂层横截面组织结构上来说，涂层最表面的柱状晶区为熔凝层，团状组织为烧结层，而当涂层温度在 1400~1700℃ 时，在没有外加压力的情况下，Al$_2$O$_3$ 不能发生烧结，所以涂层仍保持等离子喷涂层疏松的层状组织。

图 5.5 为涂层不同层深处温度随时间的变化曲线。由图可知，随着层深的增加，涂层温度达到最大值的时间均滞后 0.2s。大约在加热时间为 8s 时，不同层深处的温度都收敛为 1000℃ 左右。由图还可看到，加热开始时温度梯度很高，后随时间逐渐衰减，冷却开始时温度梯度很大，后也随时间衰减。

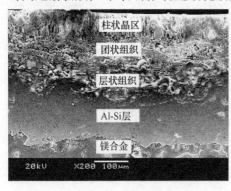
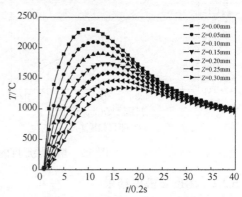

图 5.4　激光熔覆 Al$_2$O$_3$ 涂层的横截面形貌　　图 5.5　涂层不同层深处温度随时间的变化曲线

2. 激光工艺参数对涂层温度分布的影响

图5.6为$Z=0.00\text{mm}$处不同工艺参数下涂层温度随时间的变化曲线。由图5.6(a)可知，涂层温度随着激光功率的增加而增加，这是由于激光功率高、热输入量多，所以其表面温度最大值也升高。另外，激光功率对涂层温度达到最大值的时间无明显影响，各涂层基本都在激光作用时间为2.0s时温度达到最大值。

但扫描速度对涂层温度分布的影响较大，在扫描速度分别为300mm/min、400mm/min、500mm/min和700mm/min时涂层温度达到最大值的时间约为2.6s、2.2s、2.0s、1.6s，即随着扫描速度的增加，涂层温度达到最大值所需的时间减小，如图5.6(b)所示。其原因为：Al_2O_3涂层热导率极低，在快速扫描之后涂层因热量富集而迅速升温，扫描速度越快表面升温越快，涂层温度达到最大值的时间越短。

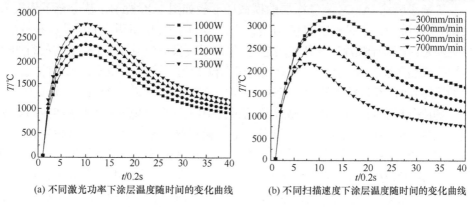

(a) 不同激光功率下涂层温度随时间的变化曲线　　(b) 不同扫描速度下涂层温度随时间的变化曲线

图5.6　不同激光功率和扫描速度下涂层温度随时间的变化曲线($Z=0.00\text{mm}$)

5.3　等离子喷涂陶瓷涂层和激光熔覆陶瓷涂层的组织分析

5.3.1　等离子喷涂陶瓷涂层组织分析

等离子喷涂Al_2O_3陶瓷涂层的表面形貌如图5.7所示。由图5.7(a)可知，等离子喷涂Al_2O_3涂层表面凹凸不平，Al_2O_3呈颗粒状堆积在一起，颗粒之间为点状或小面积黏合，存在许多孔隙，致密性较差。图5.7(b)为图5.7(a)的高倍形貌，由图可清晰看到涂层颗粒间点状黏合及空隙。空隙的形成主要是喷涂粒子的相互搭接堆积、熔融粒子的体积收缩和喷涂时熔融粒子中的气体在涂层冷却至室温后的析出所致；另一个原因是喷涂粒子在基体上的快速冷却，使金属液体不可能完全充满整个粒子间的接触部分，从而造成粒子间的空隙。

 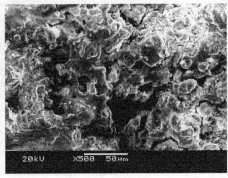

(a) 低倍形貌　　　　　　　　　　　(b) 高倍形貌

图 5.7　等离子喷涂 Al_2O_3 陶瓷涂层的表面形貌

等离子喷涂 Al_2O_3 陶瓷涂层的横截面形貌如图 5.8 所示,从上至下依次为 Al_2O_3 陶瓷层、Al-Si 过渡层和基体(镁合金)。Al_2O_3 陶瓷层呈明显的层状堆积特征,这主要是由等离子喷涂工艺特点决定的。等离子喷涂是利用等离子热源将材料加热至熔化或热塑性状态,形成一簇高速的熔态粒子流(熔滴流),依次碰撞基体或已形成的涂层表面,经过粒子的横向流动扁平化,急速凝固冷却,不断沉积而形成的[10]。

理论分析表明,熔滴在形成涂层的过程中由于很高的扁平化速率和冷却凝固速率,各熔滴的行为在通常的喷涂条件下是相互独立的,后一道喷涂粉末在前一道涂层上重复叠加[11-12],因此等离子喷涂 Al_2O_3 陶瓷层具有层状结构的特征。而且由于 Al_2O_3 熔点高(2300K),在喷涂时仅部分熔化,涂层中存在很多颗粒状的 Al_2O_3,所以涂层致密性较差,存在许多裂纹和孔洞。图 5.9 为等离子喷涂层的显微组织,从图中可清晰看到等离子喷涂层中存在的裂纹、孔洞。

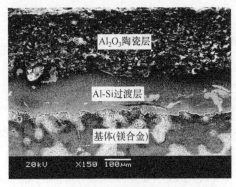 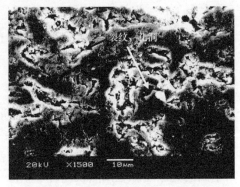

图 5.8　等离子喷涂 Al_2O_3 陶瓷涂层的横截面形貌　　　图 5.9　等离子喷涂层的显微组织

涂层相分析(图 5.10)表明,等离子喷涂 Al_2O_3 陶瓷层主要是由 γ-Al_2O_3 和 α-Al_2O_3 组成的,其中 γ-Al_2O_3 在涂层中含量较高,与原始粉末单一的 α-Al_2O_3 相比,

等离子喷涂使部分α-Al_2O_3转变为γ-Al_2O_3。这主要是因为在等离子喷涂过程中，涂层冷却速率可高达 $10^6 \sim 10^8 ℃/s$，是一种典型的快速凝固过程，从而在涂层中易形成亚稳相。亚稳相的形成不仅与基体及陶瓷本身的物理、化学、热学等基本性能密切相关，还与陶瓷颗粒的熔化程度、温度、喷射速度、颗粒分布及基体温度等参数有关[13]。在快速凝固过程中，熔体中的颗粒处于过冷状态，此时满足均匀成核条件，熔体中各相的成核能力由固相临界成核自由能决定，而不是由各相自由能来决定。因此，优先形核的不是具有低自由能的相，而是具有较低临界成核自由能的相。由于在等离子喷涂中γ-Al_2O_3具有较低临界成核自由能，易于形核，而α-Al_2O_3相的形核率较小，所以涂层中以亚稳相的γ-Al_2O_3为主。

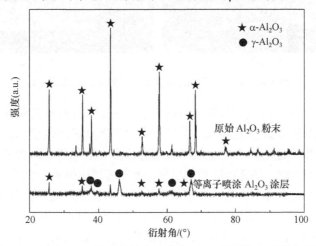

图 5.10　原始 Al_2O_3 粉末和等离子喷涂 Al_2O_3 涂层的 X 射线衍射谱

Al-Si 过渡层由于熔点较低，喷涂过程中完全熔化，熔融粒子撞击基体表面后铺展成薄片瞬时冷却凝固，形成的组织较致密，没有裂纹和孔洞。而且，由于熔化的液态熔滴高速撞击到基体表面，放出的热量可使基体微熔，从而 Al-Si 过渡层与基体形成以机械结合为主、局部冶金结合为辅的波浪形不平整界面；而 Al-Si 过渡层与陶瓷涂层的界面则因陶瓷涂层中的熔融粒子对 Al-Si 过渡层凸起点的"咬合"作用，使其形成牢固的机械结合。这两层良好界面的形成，可有效缓解 Al_2O_3 陶瓷涂层与基体间因热膨胀系数的差异所产生的应力，解决陶瓷材料喷涂层的应力剥落问题。

5.3.2 激光熔覆陶瓷涂层组织分析

激光熔覆处理后，等离子喷涂层又经历了重新熔化和结晶的过程，涂层的相结构和组织均发生很大变化。图 5.11 为激光功率为 1100W、扫描速度为 500mm/min 条件下激光熔覆 Al_2O_3 陶瓷涂层的表面柱状晶形貌。由图可知，经激光熔覆后，原等离子涂层发生重新熔化和结晶形成细小致密的柱状晶，相对于等离子喷涂层而言激光熔覆 Al_2O_3 陶瓷涂层表面组织更加致密，如图 5.11(a)所示。图 5.11(b)为图 5.11(a)的放大形貌，由图可清晰看到沿热流方向紧密排列的柱状晶。

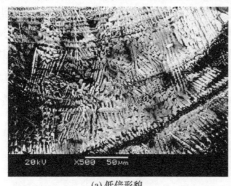 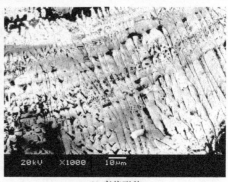

(a) 低倍形貌　　　　　　　　　　(b) 高倍形貌

图 5.11　激光熔覆 Al_2O_3 陶瓷涂层的表面柱状晶形貌

通常来说，在激光熔覆陶瓷涂层过程中，由于加热和冷却速率较高，陶瓷涂层与金属的热膨胀系数相差较大，涂层中大量气体外逸可促使体积收缩，这些因素使得激光熔覆陶瓷层易产生裂纹。目前有很多方法可用于减少或消除熔覆层的裂纹，从工艺上考虑，如选用适当的功率，激光熔覆功率大、熔深大，熔凝冷却时体积收缩产生的应力也大，收缩产生的应力得不到有效松弛，易产生龟裂；如果熔深小，即熔凝层薄，那么体积收缩产生的应力可以通过熔凝层下的孔隙来松弛[14]。

在本实验中，由于所采用的激光束为能量密度分布均匀的矩形光斑，且所用激光功率较低，这在一定程度上降低了由能量集中产生的较大局部热应力。而且，涂层厚度只有 0.2mm，且采用了 Al-Si 过渡层，从而有效缓解了涂层和基体间因热膨胀系数差异所产生的热应力，使涂层表面的裂纹在一定程度上得到控制。

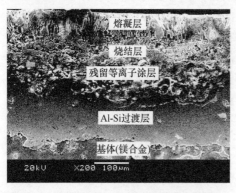

图 5.12　激光熔覆 Al_2O_3 陶瓷涂层的横截面形貌

在 10mL HF + 15mL HCl + 90mL H_2O 腐蚀剂作用下，激光熔覆 Al_2O_3 陶瓷涂层的横截面形貌如图 5.12 所示。由温度场分析结果可知，熔覆试样截面形貌相应于不同温度区间可分为熔凝层、烧结层、残留等离子涂层、Al-Si 过渡层和基体(镁合金)。

在激光熔覆过程中，当激光束照射到等离子喷涂的 Al_2O_3 表面时，瞬间产生的高温使位于涂层上部约 0.06875mm 的陶瓷层发生熔化形成高温熔池，但在随后的冷却过程中由于陶瓷粉末本身的热导率较低，而经等离子喷涂后陶瓷层的热导率降低 90%以上，所以此时熔体热量的散失主要靠向空气的热辐射进行，而冷态基体对其产生的冷却作用较小，因此熔池的冷却速率将受到限制。而在温度高于 1200℃时，亚稳相 γ-Al_2O_3 将不可逆转地向 α-Al_2O_3 转变，所以凝固时冷却速率相对等离子喷涂工艺较慢的熔体将以单一的 α-Al_2O_3 重新凝固，如图 5.13(a)所示。

虽然激光熔覆陶瓷涂层的冷却速率相对冷速极快的等离子喷涂而言显得较小一些，但由于激光加工的快速加热和冷却特性决定了熔池中仍具有较大的成分过冷和较高的形核率，结晶速率仍然较快。温度场模拟结果表明，激光功率为 1100W、扫描速度为 500mm/min 时涂层表层温度梯度可高达 $4.6×10^6$℃/s，如此大的温度梯度再加上激光熔覆较快的冷却速率，能够形成高温度梯度下沿热流方向的柱状晶组织，如图 5.13(b)所示，柱状晶的形态因所处部位不同而有所差别，表层晶粒较粗大，内部较细小。熔凝层柱状晶的形成使得原等离子喷涂层中的疏松、孔洞、层状堆积得以消除，陶瓷层的致密度与结合强度得以提高。

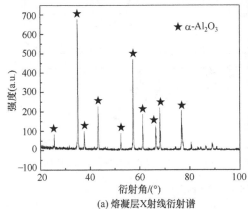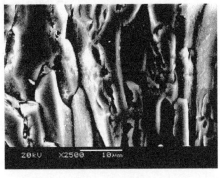

(a) 熔凝层X射线衍射谱　　　　(b) 熔凝层的显微组织

图 5.13　熔凝层 X 射线衍射谱及其显微组织

而位于熔凝层下部约 0.075mm 的陶瓷层由于熔凝层部分热量的传递，其温度达到 Al_2O_3 陶瓷的烧结温度，随着温度的上升和时间的延长，等离子喷涂时形成的固体颗粒则相互键联，晶粒长大，空隙和晶界渐趋减少，通过物质的传递，其总体积收缩，涂层密度增加，最后形成坚硬的具有团状显微结构的烧结体，如图 5.14 所示。烧结既可以减少等离子喷涂层中的气孔，还可以增加颗粒之间的结合，也可以提高机械强度。与熔凝层相比，烧结层仍保留了大量

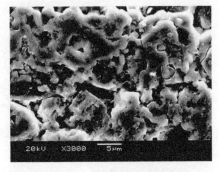

图 5.14　烧结层的显微组织

的空穴,烧结层的厚度及烧结程度表征了激光熔覆 Al_2O_3 陶瓷涂层热量的传递程度。

涂层元素分布如图 5.15 所示。由图可明显看到两层结合区元素呈平缓的梯度过渡,而且在图 5.15(a)中 Si 向 Al_2O_3 陶瓷层的扩散趋势较大,O 向 Al-Si 过渡层也有所扩散。图 5.15(b)中 Mg 向 Al-Si 过渡层的扩散趋势较大,而 Al、Si 元素向基体中的扩散趋势也较大。图 5.15 所示的界面过渡层元素的互扩散现象证实了 Al_2O_3 陶瓷层和 Al-Si 过渡层、Al-Si 过渡层和镁合金基体形成了良好的结合界面。

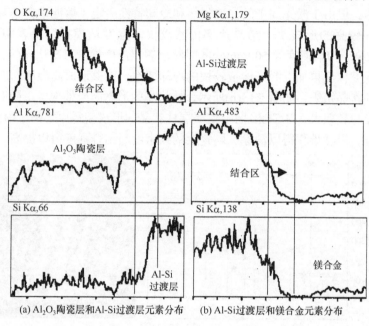

(a) Al_2O_3 陶瓷层和Al-Si过渡层元素分布　　(b) Al-Si过渡层和镁合金元素分布

图 5.15　涂层元素分布

5.4　等离子喷涂陶瓷涂层和激光熔覆陶瓷涂层的性能分析

5.4.1　硬度分析

本书采用 Nano-Indenter XP 纳米压痕仪测试涂层截面硬度和弹性模量,原因如下:纳米压痕硬度的定义为在压入过程中某一压痕表面积投影上单位面积所承受的瞬时力,它是样品对接触载荷承受能力的度量,因而能反映材料本身的真实硬度性能;纳米压痕硬度是通过测量压痕深度后再根据经验公式计算接触面积,不存在人为观察压痕面积或对角线数值而造成的主观误差,测试数值更具可比性和客观性[15-19]。

在泊松比为 0.18、最大压痕深度为 110nm 的条件下熔凝层、烧结层、残留等离子喷涂层、Al-Si 过渡层和原始镁合金的载荷-深度曲线如图 5.16(a)所示。由图可知，不同层的峰值载荷存在较大差异：熔凝层的峰值载荷约为 4.5mN，烧结层的峰值载荷约为 3.0mN，残留等离子涂层的峰值载荷约为 2.2mN，Al-Si 过渡层的峰值载荷约为 0.6mN，而原始镁合金具有最小的峰值载荷，只有 0.25mN。熔凝层由于致密柱状晶的形成在最大压痕深度为 110nm 时具有最大峰值载荷，比等离子喷涂层约提高 104%，烧结层的峰值载荷也比等离子喷涂层有所提高。

当卸载后，Al_2O_3 涂层纳米压痕的残余深度为 61～65nm，而 Al-Si 过渡层和原始镁合金纳米压痕的残余深度约为 90nm，所以 Al_2O_3 涂层具有较好的弹性恢复能力。为了更精确地评价涂层在卸载后的弹性恢复能力，根据翟长生等[20]无量纲标准化卸载曲线，横坐标$(h-h_f)/h_{max}$ 代表卸载过程中压痕的弹性恢复程度，纵坐标 P/P_{max} 代表标准化后的压头压力。由图 5.16(b)可明显看到，在同样的压力条件下，当卸载后，熔凝层卸载曲线比较缓和，曲线斜率较小，烧结层和等离子喷涂层次之，而 Al-Si 过渡层卸载曲线明显变得陡峭，尤其原始镁合金的卸载曲线更为急速降低、斜率最大。而在标准化卸载曲线上，曲线斜率越小越具有较高的弹性恢复能力，所以 Al_2O_3 涂层比 Al-Si 过渡层和原始镁合金具有更优异的弹性恢复能力。

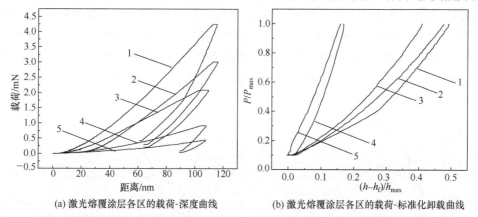

(a) 激光熔覆涂层各区的载荷-深度曲线　　(b) 激光熔覆涂层各区的载荷-标准化卸载曲线

图 5.16　激光熔覆涂层各区的载荷-深度曲线和标准化卸载曲线
1-熔凝层；2-烧结层；3-残留等离子喷涂层；4-Al-Si 过渡层；5-原始镁合金

Al-Si 合金和原始镁合金具有的较低的抗负荷能力与较小的弹性恢复能力是由其材料本身性能决定的，而对于激光熔覆 Al_2O_3 涂层的三个区，组织致密的熔凝层具有较高的弹性恢复能力、较大的峰值载荷和较小的残余深度，这客观地反映了涂层内部的孔隙、裂纹缺陷的存在对涂层的力学性能影响很大。

由图 5.16(a)可得到涂层各区的弹性模量，如图 5.17 所示。由图可知，熔凝层由于 Al_2O_3 材料本身特性和激光强化作用具有最高的弹性模量，约为 500GPa，烧结层由于较致密的团状组织的形成也具有较高的弹性模量(300GPa)，而等离子喷涂层因喷涂粒子撞击基体的快速凝固使得喷涂粒子呈现扁平化效应，涂层实质上是由平行于基体界面的、相互嵌合的片层结构组成的，涂层内部孔隙、微裂纹等缺陷的分散性降低了涂层的弹性模量，约为250GPa，但仍远远高于Al-Si过渡层(100GPa)和原始镁合金的弹性模量(50GPa)。

另外，由图5.17可以看出，烧结层和等离子喷涂层的弹性模量曲线存在微小的波动，这主要是因为涂层内部的微观结构相变、应力、颗粒熔化状态、扁平效果、缺陷等因素的协同效应，使得弹性模量数据分布呈现一定程度的离散性和随机性；缺陷存在的地方有降低力学性能的趋势，而致密的部位有提高力学性能的倾向。因此，与显微硬度测试法相比，纳米压痕技术更能真实地反映这种微观结构的细微差别。

激光熔覆处理后涂层截面硬度曲线相应于不同的显微组织可分成五个区。图5.18为样品各区的纳米硬度曲线。其中，镁合金基体硬度最低，约为0.8GPa，Al-Si过渡层的硬度相对镁合金基体有所提高，约为3.10GPa。等离子喷涂层由于Al_2O_3陶瓷本身的高硬度特性和等离子工艺的复合，其硬度为7.45～8.90GPa，但喷涂层发生晶型转变，使其硬度低于原α-Al_2O_3陶瓷粉末的硬度值(9.03GPa)。而熔凝层则由于形成了均匀、致密、细小的柱状晶组织，其硬度有显著提高，达到17.98～19.23GPa，比原等离子喷涂层硬度约提高2倍；而且烧结层由于受到激光热影响作用导致其部分熔化并快速相互黏结凝固，形成团状组织，比原等离子喷涂层组织更加致密，所以其硬度也比等离子喷涂层有所增加，为10.25～11.35GPa。

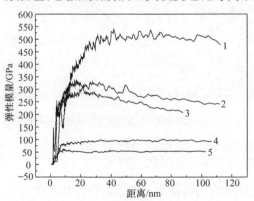
图5.17 样品各区的弹性模量曲线
1-熔凝层；2-烧结层；3-等离子喷涂层；4-Al-Si；
5-镁合金

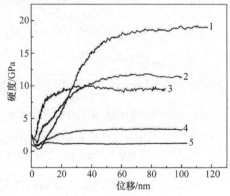
图5.18 样品各区的纳米硬度曲线
1-熔凝层；2-烧结层；3-等离子喷涂层；4-Al-Si；
5-镁合金

5.4.2 耐磨性分析

摩擦磨损实验在MM-500型磨损试验机上进行；对磨件为62～68HRC的

GCr15 钢，磨轮外径为 80mm、内径为 48mm；磨损过程中加 150N 的外力，对磨件转速为 400r/min，采用干磨擦方式。

在上述实验条件下分别对原始镁合金、等离子喷涂陶瓷层和激光熔覆陶瓷层进行摩擦磨损实验。结果表明，在载荷为 150N、磨损时间为 20min 的条件下，从宏观上看，原始镁合金表面有较大体积被磨损，但对于等离子喷涂陶瓷层和激光熔覆陶瓷层磨损表面相当平滑，没有明显的磨痕存在。利用精度为 0.01mg 的电子秤对其进行质量检测，并把质量磨损量换算成体积磨损量最终得到原始镁合金的磨损体积约为 13.67mm^3，而激光熔覆陶瓷层和等离子喷涂陶瓷层的磨损体积分别为 0.027mm^3 和 0.577mm^3，与原始镁合金相比，等离子喷涂陶瓷层的磨损体积约降低了 2 个数量级，激光熔覆陶瓷层的磨损体积约降低了 3 个数量级。陶瓷涂层具有如此高的耐磨性可以从三种样品的硬度加以解释，由前面硬度检测结果可知，激光熔覆陶瓷层和等离子喷涂陶瓷层的硬度分别比原始镁合金提高约 10 倍和 23 倍，所以在硬度差别如此大的情况下，在相同的载荷和磨损时间下必然会使原始镁合金的磨损体积大大增加，而激光熔覆陶瓷层和等离子喷涂陶瓷层的磨损体积较小。

在上述磨损条件下，原始镁合金、等离子喷涂陶瓷层和激光熔覆陶瓷层的磨损形貌如图 5.19 和图 5.20 所示。由图可知，由于镁合金具有低的硬度和塑性变形能力，其磨损表面在大载荷、干磨损滑动过程中发生了严重的剥层磨损现象，可明显看到白亮的磨损区(图 5.19(a))。对白亮的磨损区进一步放大如图 5.19(b)所示，α-Mg 与分布其晶界上呈不连续网状的 β-$Mg_{17}Al_{12}$ 在外力作用下相互间的不协调形变会使 β-$Mg_{17}Al_{12}$ 周围产生很大的应力集中，从而导致其边缘发生脆断，形成沿 α-Mg 晶界扩展的大量薄片状磨屑。而在相同磨损条件下，等离子喷涂层只有局部磨损区(图 5.20(a))，而激光熔覆陶瓷层磨损表面仍为具有一定生长方向致密的柱状晶，没有明显的磨损区(图 5.20(b))。

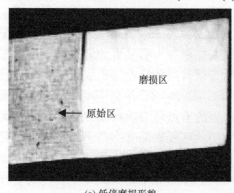
(a) 低倍磨损形貌

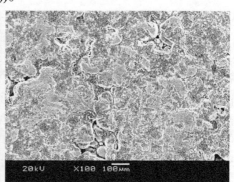
(b) 高倍磨损形貌

图 5.19 原始镁合金的磨损形貌

(a) 等离子喷涂层　　　　　　　　　(b) 激光熔覆涂层

图 5.20　等离子喷涂层和激光熔覆涂层的磨损形貌

为进一步研究等离子喷涂陶瓷层和激光熔覆陶瓷层的磨损机制，在刨除镁合金的情况下，对等离子喷涂陶瓷层和激光熔覆陶瓷层在相对较长的磨损时间下研究其磨损量与磨损形貌随磨损时间的变化规律。

图 5.21 为等离子喷涂陶瓷层和激光熔覆陶瓷层随磨损时间增加的涂层质量损失曲线。由图可知，两种涂层磨损量都随磨损时间的延长呈近似线性增加，但激光熔覆陶瓷层的磨损量随磨损时间的增加变化率较小。

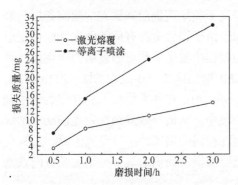

图 5.21　随磨损时间增加的涂层质量损失曲线

在最初的 20min 内等离子喷涂陶瓷层和激光熔覆陶瓷层的磨损量相差不大，但当磨损时间超过 20min 后，等离子喷涂层的磨损量开始显著增加，在磨损时间为 1h 时，磨损量增加到 15.7mg，而激光熔覆陶瓷层的磨损量仅为 8.5mg，相应的磨损形貌如图 5.22(a)、(c)所示。从等离子喷涂层的磨损表面形貌可明显看到轻度的疲劳磨损和平行于磨损滑动方向的犁沟存在，而激光熔覆陶瓷层的磨损表面则仍然比较平整，不存在明显的犁沟。而当磨损时间增加到 2h 时，等离子喷涂层的磨损量剧烈增加，达到 24.2mg，同时激光熔覆涂层的磨损量增加到 11.5mg。此时，无论是等离子喷涂陶瓷层还是激光熔覆陶瓷层的磨损表面都存在磨损裂纹，这是因为在 GCr15 对磨轮的正向压力和切向运动所形成的推碾力作用下，涂层表面一定深度处的浅层内产生较大的应力集中，当应力集中增大到一定程度时会导致裂纹源的形成，随着磨损的加剧裂纹源不断扩展，最终形成宏观裂纹。

当磨损时间进一步增加到 3h 后,等离子喷涂层进入疲劳磨损阶段,磨损量高达 32.5mg,在不断的碾压过程中,裂纹不断扩展,发生涂层的片状或块状脆性剥落,磨损表面形成许多裂纹和剥落坑,进而产生碎化,如图 5.22(b)所示,因此,等离子喷涂陶瓷层的磨损机制主要为由脆性疲劳所造成的微观剥落。激光熔覆陶瓷层的磨损表面也产生较多的微裂纹,如图 5.22(d)所示,其主要磨损机制也是由脆性疲劳所造成的微观剥落。但与等离子喷涂层相比,激光熔覆涂层由于涂层组织细化、致密度和硬度的提高,涂层磨损表面微裂纹减少,微观剥落程度降低,耐磨性明显提高。

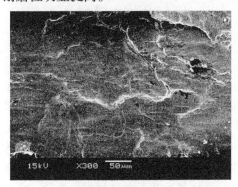
(a) 等离子喷涂层 (磨损1h)

(b) 等离子喷涂层 (磨损3h)

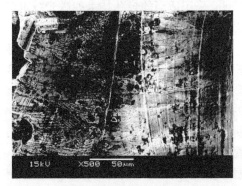
(c) 激光熔覆涂层(磨损1h)

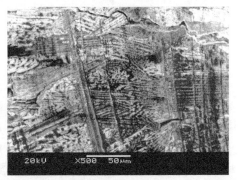
(d) 激光熔覆涂层(磨损3h)

图 5.22 等离子喷涂层和激光熔覆涂层的磨损形貌

这里单独对激光熔覆涂层做进一步磨损实验,其 24h 后的磨损形貌如图 5.23 所示。由图可知,在长时间、大载荷的磨损条件下,激光熔覆涂层表面显然也发生了剧烈的磨损;由图 5.23(a)可明显看到碎化的柱状晶,其放大组织如图 5.23(b)所示,由图可明显看到柱状晶从中间断开,形成破碎的晶粒。

(a) 激光熔覆涂层低倍磨损形貌

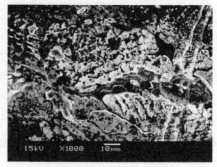
(b) 激光熔覆涂层高倍磨损形貌

图 5.23　激光熔覆涂层在 24h 后的磨损形貌

5.4.3　耐蚀性分析

目前，关于陶瓷涂层的腐蚀失效机制存在两种观点。一种观点认为，陶瓷涂层的腐蚀是腐蚀介质沿陶瓷涂层的孔隙进入，导致金属基体腐蚀，从而造成涂层剥落；另一种观点则认为，陶瓷涂层本身也存在腐蚀。一般而言，提高陶瓷涂层

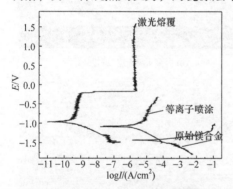

图 5.24　原始镁合金、等离子喷涂 Al_2O_3 涂层和激光熔覆 Al_2O_3 涂层的阳极极化曲线

腐蚀性的关键是减少甚至根除涂层中的通孔。但等离子喷涂层因孔隙率较高，在磨、蚀共存条件下更容易腐蚀失效。研究表明，采用适当的封孔技术如激光技术可提高其耐蚀性[21-24]。

为了检测激光熔覆 Al_2O_3 涂层耐蚀性相对于等离子喷涂 Al_2O_3 涂层和原始镁合金的提高幅度，三者在质量分数为 3.5% 的 NaCl 溶液中的阳极极化曲线如图 5.24 所示。由图 5.24 所得的自腐蚀电位和自腐蚀电流密度如表 5.4 所示。由表可知，

与原始镁合金相比，等离子喷涂层的自腐蚀电位升高 350mV，自腐蚀电流密度降低了 2 个数量级；而激光熔覆涂层的自腐蚀电位升高 450mV，自腐蚀电流密度降低了 5 个数量级，所以 Al_2O_3 涂层的耐蚀性非常优异，究其原因主要是与 Al_2O_3 陶瓷本身极佳的耐蚀性有关。

表 5.4　由图 5.24 所得的自腐蚀电位和自腐蚀电流密度

样品	自腐蚀电位/V	自腐蚀电流密度
原始镁合金	−1.42	$7.24×10^{-2} mA/cm^2$
等离子喷涂 Al_2O_3 层	−1.07	$4.78×10^{-1} \mu A/cm^2$
激光熔覆 Al_2O_3 层	−0.97	$2.45×10^{-1} nA/cm^2$

然而，与等离子喷涂陶瓷层相比，激光熔覆陶瓷层的耐蚀性却表现得更为优异，比等离子喷涂层的耐蚀性还提高了 3 个数量级，其原因为：首先等离子喷涂所形成的涂层疏松、多孔，为腐蚀液向陶瓷内部的渗透创造了条件，而激光熔覆作为一种封孔技术，熔覆后的涂层得以致密化，疏松孔洞大为减少，涂层表面紧密排列的细小柱状晶阻碍了腐蚀液向涂层内部的进入，从而使熔覆后涂层的耐蚀性得以提高；另外，激光熔覆使等离子喷涂态的亚稳相 γ-Al_2O_3 转变为稳定相 α-Al_2O_3，使涂层的电极电位趋于一致，不仅减少了微观腐蚀电池，还提高了涂层耐蚀性。

另外，激光熔覆 Al_2O_3 涂层的极化曲线极其复杂，现对其分析如下：由极化曲线的阳极部分可知，当电位为 $-0.97\sim-0.89V$ 时，电流密度随电位的升高逐渐增大，发生了轻微的阳极溶解；当电位为 $-0.89\sim-0.22V$ 时，Al_2O_3 氧化膜的自保护作用使陶瓷涂层发生了钝化现象，电流密度随电位的升高而缓慢增大；而当电位增加到 $-0.22V$ 左右时，阳极电流密度急剧增大，$\log I$ 从 -9 增加到 -6，而此时的阳极电位基本保持 $-0.22V$ 不变，阳极反应进入极化阶段，是陶瓷涂层的点蚀阶段。极化阶段结束后，当电位为 $-0.22\sim1.5V$ 时，由于 Al_2O_3 氧化膜的自保护作用增强，陶瓷涂层发生二次钝化，腐蚀电流不再增加，某些程度上还有轻微的降低，涂层的耐蚀性提高。

原始镁合金、等离子喷涂 Al_2O_3 涂层和激光熔覆 Al_2O_3 涂层的电化学腐蚀形貌如图 5.25 所示。由图可知，原始镁合金腐蚀表面由于 α-Mg 的预先侵蚀被严重的腐蚀，α-Mg 晶界处则由于黑色的氧化膜存在而被保护，所以腐蚀表面呈明显的点蚀特征(图 5.25(a))；而等离子喷涂 Al_2O_3 涂层由于陶瓷本身的耐蚀性，其表面只是被轻微腐蚀，腐蚀表面存在少量黑色的腐蚀坑(图 5.25(b))；激光熔覆 Al_2O_3 涂层由于激光的重新熔化作用，其组织更加致密、细化，所以在质量分数为 3.5% 的 NaCl 溶液中进行电化学腐蚀后，其腐蚀表面仍近似完好无缺，没有腐蚀坑或腐蚀裂纹的存在，如图 5.25(c)所示。

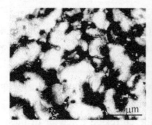  

(a) 原始镁合金的电化学腐蚀形貌　(b) 等离子喷涂层的电化学腐蚀形貌　(c) 激光熔覆涂层的电化学腐蚀形貌

图 5.25　原始镁合金、等离子喷涂层和激光熔覆涂层的电化学腐蚀形貌

5.5 本章小结

本章主要探讨镁合金表面激光熔覆高熔点 Al_2O_3 陶瓷涂层的工艺研究和所得涂层组织、性能的变化规律,从而为镁合金表面耐磨、耐蚀性的改善寻找一条较好的工艺途径,主要结论如下。

(1) 成功地在镁合金表面利用激光熔覆技术制备了以 Al-Si 为过渡层的高熔点 Al_2O_3 陶瓷涂层。涂层温度场模拟和显微组织观察相结合表明,激光熔覆 Al_2O_3 陶瓷试样横截面组织相应于不同的温度区间由熔凝层(柱状晶)、烧结层(团状组织)、残留等离子喷涂层(层状组织)、Al-Si 过渡层和镁合金(基体)组成。温度场模拟结果表明,与激光功率相比,激光扫描速度对涂层表层温度达到最大值的时间有较大影响。

(2) 激光熔覆 Al_2O_3 涂层硬度随涂层组织结构的差异而有所区别,其中熔凝层硬度最高,为 17.98~19.23GPa,烧结层硬度为 10.25~11.35GPa,等离子喷涂层硬度为 7.45~8.90GPa;在法向载荷为 150N、磨损时间为 20min 的条件下,激光熔覆 Al_2O_3 涂层的耐磨性比原始镁合金提高了 3 个数量级,比等离子喷涂 Al_2O_3 涂层提高了 1 个数量级;在质量分数为 3.5%的 NaCl 溶液中的电化学实验结果表明,激光熔覆涂层的自腐蚀电流密度比原始镁合金降低了 5 个数量级,比等离子喷涂层降低了 3 个数量级。无论从涂层的硬度还是耐磨蚀性考虑,激光熔覆 Al_2O_3 涂层均比金属基陶瓷涂层要优异得多。

(3) 作为等离子喷涂层的封孔技术——激光熔覆技术显著提高了等离子喷涂层的力学性能和化学性能。

参 考 文 献

[1] Ashary A A, Tucker R C. Corrosion characteristics of several thermal spray cermet-coating/alloy systems. Surface and Coatings Technology, 1991, 49: 78-82.

[2] Lu X L, Bhusal S, He G Y, et al. Efficacy of graphene nanoplatelets on splat morphology and microstructure of plasma sprayed alumina coatings. Surface and Coatings Technology, 2019, 366: 54-61.

[3] Yan D R. The corrosion behavior of plasma spray Al_2O_3 ceramics coating in dilute HCl solution. Surface and Coatings Technology, 1997, 89: 191-195.

[4] Fukumoto M, Wada Y, Umemoto M, et al. Effect of pore on the corrosion behavior of plasma sprayed alumina coating. Surface and Coatings Technology, 1989, (39-40): 711-720.

[5] 王引真, 孙永兴, 宋玉强, 等. 等离子喷涂 Al_2O_3 涂层腐蚀失效机制. 腐蚀科学与防护技术, 2002, 14(4): 227-229.

[6] 江志强, 席守谋, 李华伦. 等离子喷涂陶瓷涂层封孔处理的现状与展望. 兵器材料科学与工

程, 1999, 22(3): 56.

[7] Graranis G. Ceramics coating and laser treatment. Surface and Coatings Technology, 1991, 45: 245-253.

[8] Wang A H. Laser modification of plasma spray Al_2O_3-13%TiO_2 coating on low carbon steel. Surface and Coatings Technology, 1992, 52: 141-144.

[9] 邓世均. 高性能陶瓷涂层. 北京: 化学工业出版社, 2004.

[10] McPherson R. The relationship between the mechanism of formation, microstructure and properties of plasma-sprayed coatings. Thin Solid Films, 1981, 83: 297-310.

[11] Ohmori A, Li C J. Thermal Spaying-Theory and Applications. London: World Scientific Publishing Co, 1993.

[12] Safai S, Herman H. Microstructural investigation of plasma-sprayed aluminum coatings. Thin Solid Films, 1977, 45: 295-307.

[13] 杨元政, 刘正义, 庄育智. 等离子喷涂 Al_2O_3 陶瓷涂层的结构与组织特征. 兵器材料科学与工程, 2000, 23(3): 7-11.

[14] 杨元政, 刘志国, 刘正义, 等. 等离子喷涂 Al_2O_3 陶瓷涂层的激光重熔处理. 应用激光, 1999, 19(6): 341-344.

[15] Murakam I Y, Tanana K, Itokazu M, et al. Elastic analysis of triangular pyramidal indentation by the finite-element method and its application to nano-indentation measurement of glasses. Philosophical Magazine A, 1994, 69(6): 1131-1153.

[16] Oliver W C, Pharr G M. An improved technique for determining hardness and elastic modulus using load and displacement sensing indentation experiments. Journal of Materials Research, 1992, 7: 1564-1582.

[17] Thurn J, Cook R F. Simplified area function for sharp indenter tips in depth-sensing indentation. Journal of Materials Research, 2002, 17: 1143-1146.

[18] Woirgard J, Cabioch T, Rivier J P, et al. Nanoin-dentation characterization of SiC coatings prepared by dynamicion mixing. Surface and Coatings Technology, 1998, 100: 128-131.

[19] Xu Z H. Nanoindentation on diamond-like carbon and alumina coatings. Surface and Coatings Technology, 2002, 161: 44-51.

[20] 翟长生, 杨力, 王俊, 等. Al_2O_3/3wt%TiO_2爆炸喷涂层的纳米压痕力学特性. 航空材料学报, 2005, 25(2): 38-43.

[21] Celik E, Demirklran A S, Avcl E. Efect of grit blasting of substrate on the corrosion behavior of plasma-sprayed Al_2O_3 coatings. Surface and Coatings Technology, 1999, (116-119): 1061-1064.

[22] Grarains G. Ceramics coating and laser treatment. Surface and Coating Technology, 1991, 45: 245-253.

[23] 王东生, 田宗军. 激光重熔等离子喷涂双层结构热障涂层制备工艺研究现状及其发展. 应用激光, 2019, 39(3): 416-422.

[24] 李淑华, 邵德春. 稀土与激光表面重熔对喷涂层耐蚀性的影响. 材料科学与工艺, 1994, 2(2): 91-96.

下 篇

镁合金作为医用金属材料的激光表面处理

第 6 章 医用镁合金的性能和表面处理现状

本章介绍与医用镁合金及表面改性技术有关的基础知识,包括镁合金作为医用金属材料的优缺点、应用及发展现状。由于篇幅所限,本章仅列出主要参考文献,读者可根据需要查阅相关文献。

6.1 医用镁合金的特性和应用领域

6.1.1 医用镁合金的特性

与现已投入临床使用的各种金属植入材料相比,镁作为硬组织植入材料具有以下突出优点。

(1) 镁资源丰富,价格低廉。在地壳中镁的储量约占 2.77%,海水中有 0.13% 的镁,且相对容易提取。金属镁锭的价格在 2 万元/t 以下,而钛锭的价格在 6 万元/t 以上。

(2) 镁与镁合金的密度为 1.7g/cm^3 左右,在所有结构材料中密度最小,镁及镁合金的密度与人骨的密质骨密度(1.75g/cm^3)极为接近[1],比铝合金的密度小 25% 左右,远低于 Ti6A14V 合金的密度(4.47g/cm^3)。

(3) 镁及镁合金有高的比强度和比刚度,且加工性能良好。纯镁的比强度为 133GPa/(g/cm^3),而超高强度镁合金的比强度已达到 480GPa/(g/cm^3)[2],比 Ti6A14V 合金的强度(260GPa/(g/cm^3))还高近 1 倍。

(4) 在将金属材料植入人体时,因两种材料弹性模量不匹配产生的应力遮挡效应是影响骨生长的负面因素之一[3]。该效应会使骨骼强度降低、愈合迟缓。镁及镁合金的杨氏弹性模量约为 45GPa,不到 Ti6A14V 合金弹性模量(109~112GPa) 的 1/2。如果用镁及镁合金替代现有金属植入材料,将能有效地缓解应力遮挡效应。

(5) 镁是人体内仅次于钾的细胞内正离子,能参与体内一系列的新陈代谢过程,包括骨细胞的形成、加速骨愈合能力等。镁还与神经、肌肉及心脏功能关系密切。美国规定,31 岁成年男子每日需摄入的镁量为 420mg[4]。镁及镁合金作为硬组织植入材料,不但不用考虑微量金属离子对细胞的毒性,而且植入材料中的镁离子对人体的微量释放是有益的。

6.1.2　医用镁合金的应用领域

镁及镁合金具有比强度和比刚度高、生物可降解吸收性等特点，其作为可降解生物材料和永久植入材料均显示出巨大的优势与潜力，已引起国内外的广泛关注，它的潜在应用包括以下方面。

1) 骨折固定材料、矫形材料

目前，广泛应用于颌骨外伤骨折、口腔种植体的生物医用材料主要是钛及钛合金、钴铬合金、不锈钢及聚乳酸等。金属材料弹性模量高所致的应力遮挡效应和高分子材料较差的力学性能是制约其发展的瓶颈[5]。20 世纪 50 年代镁曾被用作骨折固定材料，但因纯镁腐蚀造成皮下大量气体而实验失败，但未观察到植入体周围系统的反应和炎性反应[6]。2006 年，Witte 等[7]在动物体中探究镁合金种植体降解特点，发现 1 周后出现皮下气袋，可用注射器将其抽出，但没有发现皮下气体导致的不良反应，18 周完全降解。近年来，随着镁合金腐蚀机理、耐蚀性研究的深入，镁及镁合金作为骨折固定材料、外科矫形材料已成为可能。镁及镁合金作为颌骨固定材料，能够在骨折愈合的初期提供稳定的力学环境，使骨折部位承受生理水平的应力刺激加速愈合，防止局部骨质疏松和再骨折。因此，镁及镁合金作为骨损伤后的固定材料具有很多优于其他金属生物材料的性能。

2) 牙种植材料

镁及镁合金的力学性能，尤其是弹性模量，比其他金属材料更接近人体密质骨，因此作为种植体材料具有更好的生物力学相容性。另外，含有镁离子的材料表面可促进骨细胞附着。初步研究发现，人工体液中镁基金属表面有无定形磷酸钙或镁钙磷灰石沉积。体内动物实验观察到镁基种植体表面钙磷灰石沉积，该沉积层还能降低镁的腐蚀速率[8-9]。镁合金具有良好的力学性能、骨结合能力和生物活性，因此镁及镁合金作为口腔种植体具有良好的应用前景。

3) 口腔修复材料

镁的力学性能及加工性能良好，如果能通过改变镁合金的成分和表面处理使镁及镁合金具有良好的耐腐蚀性能，同时发展新的铸造成形方式，那么可以考虑用镁及镁合金作为嵌体、冠修复及可摘局部义齿支架材料。

4) 骨组织工程多孔支架材料

近期的研究表明，镁的性能基本符合骨组织工程多孔支架的要求，即较低的弹性模量和适当的强度，以及良好的生物相容性、生物可降解性和可吸收性等。因此，镁及镁合金有条件成为一种理想的替代骨组织的工程支架材料[10]。Wen 等[11]通过改变多孔镁的孔隙率和沈剑等[12]采用粉末冶金方法制备多孔生物镁均可使其力学强度达到多孔骨的范围，从而满足移植材料的要求。但是，将镁及镁合金作为骨组织工程多孔支架材料也面临很多问题，如骨组织工程支架是与体液直接接触的，由于血液中存在氯离子，支架材料会以很快的速率降解，降解过程中还会产生氢气，体外模拟可降解实验过程但不能用于预测体内腐蚀情况等，这都会对周围的组织造成影响。

由此可见，镁及镁合金作为硬组织植入材料有很多优于其他金属生物材料的性能。但是，由于镁及镁合金的耐蚀性能较差，尤其是在含有氯离子的腐蚀环境中更是如此，而人体的生理环境又是一个对硬组织植入材料要求苛刻的腐蚀环境。因此，对镁合金腐蚀本质的研究以及表面改性技术的完善成为解决镁合金在生物材料领域应用的关键。

6.2 医用镁合金的研究现状

目前，缓解和控制医用镁合金腐蚀降解最为常见的途径有合金化和表面改性两种。其中，表面改性是改善镁合金快速降解最直接有效的手段，已成为近年国内外的研究热点。最近，镁-羟基磷灰石(hydroxyapatite, HA)复合材料已经显示出作为可生物降解的金属基质复合材料植入物的潜力，其可以修复骨组织中的负载缺陷。医用镁合金的主要进展如下。

(1) 采用电化学沉积方法制备生物涂层：关于此方法的研究目前国内外开展较多[13-16]。Bakhsheshi-Rad 等[14]利用氟化物转化膜+电化学沉积复合技术，在镁合金表面制备纳米 HA/氟化镁和二水磷酸氢钙/氟化镁复合涂层。时隔一年，他们又利用物理气相沉积法将纳米硅薄膜沉积在镁合金上，而后利用电化学沉积在纳米硅薄膜上沉积纳米 HA，以进一步提高镁合金的耐蚀性[15]。

另外，研究者也采用电泳沉积技术制备生物涂层。Kumar 等[16]利用电泳沉积方法在 Mg-3Zn 镁合金表面制备纳米 HA 涂层，该研究为 HA/镁合金复合材料在整形外科中的应用提供了借鉴。杨柯研究组对 AZ31 镁合金进行了电泳沉积硅掺杂的 Ca-P 涂层研究，结果表明涂层提高了镁合金的耐蚀性和生物活性[17]。

(2) 采用微弧氧化技术制备生物涂层：Dey 等[18]采用微弧氧化方法在 AZ31B 镁合金表面制备耐蚀性较好的微弧氧化膜，以提高镁合金的耐蚀性和生物相容性。杨柯研究组、郑玉峰研究组、王亚明研究组和姚忠平等也相应开展了此方面的研究[19-22]。

微弧氧化膜层不仅降低了镁合金的腐蚀速率，还强化了周围骨组织的响应。但膜层多数为不易降解的陶瓷氧化膜层，生物活性较差。

(3) 采用微弧氧化+电化学沉积(电泳沉积)技术复合制备生物涂层：关绍康研究组[23]开展了微弧氧化和电化学沉积结合制备纳米 HA 涂层。在镁合金表面制备微弧氧化膜基础上，沉积纳米 HA 涂层，所得复合涂层与基体相比，腐蚀电流密度降低了 3 个数量级，腐蚀电位升高了 161mV。Fathi 研究组[24-27]则利用微弧氧化和电泳沉积相结合的方法，分别在镁合金表面制备纳米 HA、HA+$Ca_2MgSi_2O_7$、HA+镁蔷薇灰石、HA+$CaMgSi_2O_6$ 陶瓷涂层，以提高镁合金表面耐蚀性和生物相容性。上述研究表明，通过两种技术复合制备的复合涂层能够显著改善镁合金的耐蚀性和生物相容性，比单一技术获得的涂层的改善效果要好。

(4) 采用溶胶-凝胶法制备生物涂层：Fathi 研究组[28]采用溶胶-凝胶法在 AZ91D 表面衍生 HA 膜层，研究结果表明，表面带有 HA 涂层的 AZ91D 镁合金非常有望成为一种生物降解植入材料，并在医学上得到应用。此方法工艺简单、膜层均一且厚度可控，但反应时间较长，易引入对人体有害的有机溶剂。

近年来，Khalajabadi 研究组[29-30]采用粉末烧结技术在纯镁表面制备 Mg/HA/MgO 或 Mg/HA/TiO_2 烧结体，考察不同比例的 HA 和 MgO/TiO_2 的添加对纯镁耐蚀性和生物相容性的影响。

综上所述，可以看出，镁合金表面改性所制备的改性层主要为具有生物活性的 HA 陶瓷涂层、含有一定量 Ca-P 的复合涂层和微弧氧化膜层。含有一定量 Ca-P 的复合涂层和微弧氧化膜层的生物相容性一般且致密度不够，与基体结合强度较低。

等离子喷涂技术和激光熔覆技术所制备的涂层与基体呈牢固的结合，尤其是激光熔覆技术可以使涂层和基体达到冶金结合状态，因此广泛作为涂层的制备技术，在医用钛合金等生物材料表面开展了一定的研究[31-33]，但在镁合金上却鲜有应用，主要原因是镁合金和 HA 的物化相容性差别很大，在镁合金表面较难制备连续、不剥落的 HA 涂层。

2017 年，Sankar 等[34]利用脉冲激光沉积技术在 WE43 镁合金表面制备 HA 涂层，研究结果表明，激光沉积技术可用于镁合金表面 HA 涂层的制备。而镁合金表面利用激光熔覆技术制备 HA 涂层的研究目前未见报道。

以上研究表明，目前医用镁合金采用的表面改性技术都存在一些技术缺点，使镁合金在医学领域上的广泛应用仍然没有得到实现。因此，需要采用一定的表面改性技术手段来提高镁合金表面的耐蚀性和生物相容性。

6.3 下篇研究内容

针对医用镁合金发展所存在的弊端——耐蚀性和生物相容性较差，本书采用两种表面改性方法提高医用镁合金的耐蚀性和生物相容性，主要研究内容如下：

(1) 不添加涂覆材料的表面改性处理。采用激光熔凝技术对镁合金进行处理，研究熔凝层显微组织、相组成、力学性能和耐蚀性能，同时对镁合金和熔凝层的生物相容性进行研究。

(2) 添加涂覆材料的表面改性处理。① 采用等离子喷涂技术在镁合金表面制备 HA 涂层，进行等离子喷涂 HA 陶瓷涂层显微组织分析；涂层的力学性能分析；涂层在模拟体液中的耐蚀性分析；涂层的生物相容性分析。② 采用激光熔覆技术在镁合金表面制备 HA 涂层，研究激光重熔 HA 涂层的相组成及微观形貌；涂层的力学性能分析；模拟体液中涂层的腐蚀形貌分析；HP 涂层的耐蚀性、生物相容性分析。

参 考 文 献

[1] 李世普. 生物医用材料导论. 武汉：武汉工业大学出版社, 2000.
[2] 俞耀庭, 张兴栋. 生物医用材料. 天津：天津大学出版社, 2000.
[3] 刘振东, 范清宇. 应力遮挡效应——寻找丢失的钥匙. 丹东医药, 2002, 4(1): 5-9.
[4] 贾如宝. 镁与"富贵病". 金属世界, 2001, (2): 15.
[5] 王彩梅, 周学玉, 孙元, 等. 外科植入物骨关节假体材料的选择. 中国临床康复, 2006, 10(37): 189-192.
[6] McBride E D. Absorbable metal in bone surgery further report on the use of magnesium alloys. Journal of the American Medical Association, 1938, 111(27): 2464-2467.
[7] Witte F, Fischer J, Nellesen J, et al. In vitro and in vivo corrosion measurements of magnesium alloys. Biomaterials, 2006, 27(7): 1013-1018.
[8] Gao J C, Qiao L Y, Li L C, et al. Hemolysis effect and calcium-phosphate precipitation of heat-organic-film treated magnesium. Transactions of Nonferrous Metals Society of China, 2006, 16(3): 539-544.
[9] Kuwahara H, Al-Abdullat Y, Mazaki N, et al. Precipitation of magnesium apatite on pure magnesium surface during immersing in Hank's solution. Materials Transactions, 2001, 42(7): 1317-1321.
[10] Serre C M, Papillard M, Chavassieux P, et al. Influence of magnesium substitution on a collagen apatite biomaterial on the production of a calcifying matrix by human osteoblasts. Journal of Biomedical Materials Research, 1998, 42(4): 626-633.
[11] Wen C, Yamada Y, Shimojima K, et al. Compressibility of porous magnesiumfoam:Dependency on porosity and pore size. Materials Letters, 2004, 58(3): 357-360.
[12] 沈剑, 凤仪, 王松林, 等. 多孔生物镁的制备与力学性能研究. 金属功能材料, 2006, 13(3): 9-13.
[13] Grubac Z M, Metikos-Hukovic R B. Electrocrystallization, growth and characterization of calcium phosphate ceramics on magnesium alloys. Electrochimica Acta, 2013, 109: 694-700.
[14] Bakhsheshi-Rad H R, Idris M H, Abdul-Kadir M R. Synthesis and in vitro degradation evaluation of the nano-HA/MgF_2 and DCPD/MgF_2 composite coating on biodegradable Mg-Ca-Zn alloy. Surface and Coatings Technology, 2013, 222: 79-89.
[15] Bakhsheshi-Rad H R, Hamzah E, Daroonparvar M. Fabrication and corrosion behavior of Si/HA nano-composite coatings on biodegradable Mg-Zn-Mn-Ca alloy. Surface and Coatings Technology, 2014, 258: 1090-1099.

[16] Kumar R M, Kuntal K K, Singh S, et al. Electrophoretic deposition of hydroxyapatite coating on Mg-3Zn alloy for orthopaedic application. Surface and Coatings Technology, 2016, 287: 82-92.

[17] Qiu X, Wan P, Tan L L, et al. Preliminary research on a novel bioactive silicon doped calcium phosphate coating on AZ31 magnesium alloy via electrodeposition. Materials Science and Engineering C, 2014, 36: 65-76.

[18] Dey A, Rani R U, Thota H K, et al. Microstructural, corrosion and nanomechanical behaviour of ceramic coatings developed on magnesium AZ31 alloy by micro arc oxidation. Ceramics International, 2013, 39(3): 3313-3320.

[19] Lin X, Tan L L, Wang Q, et al. In vivodegradation and tissue compatibility of ZK60 magnesium alloy with micro-arc oxidation coating in a transcortical model. Materials Science and Engineering C, 2013, 33: 3881-3888.

[20] Gu X N, Li N, Zhou W R, et al. Corrosion resistance and surface biocompatibility of a microarc oxidation coating on a Mg-Ca alloy. Acta Biomaterialia, 2011, 7: 1880-1889.

[21] Wang Y M, Guo J W, Shao Z K, et al. A metasilicate-based ceramic coating formed on magnesium alloy by microarc oxidation and its corrosion in simulated body fluid. Surface & Coatings Technology, 2013, 219: 8-14.

[22] Yao Z P, Xia Q X, Chang L M, et al. Structure and properties of compound coatings on Mg alloys by micro-arc oxidation/hydrothermal treatment. Journal of Alloys and Compounds, 2015, 633: 435-442.

[23] Gao J H, Guan S K, Chen J, et al. Fabrication and characterization of rod-like nano- hydroxyapatite on MAO coating supported on Mg-Zn-Ca alloy. Applied Surface Science, 2011, 257(6): 2231-2237.

[24] Rojaee R, Fathi M, Raeissi K. Electrophoretic deposition of nanostructured hydroxyapatite coating on AZ91 magnesium alloy implants with different surface treatments. Applied Surface Science, 2013, 285: 664-673.

[25] Razavi M, Fathi M, Savabi O, et al. Nanostructured merwinite bioceramic coating on Mg alloy deposited by electrophoretic deposition. Ceramics International, 2014, 40(7): 9473-9484.

[26] Razavi M, Fathi M, Savabi O. In vitro study of nanostructured diopside coating on Mg alloy orthopedic implants. Materials Science and Engineering C, 2014, 41(1): 168-177.

[27] Razavi M, Fathi M, Savabi O. Surface microstructure and in vitro analysis of nanostructured akermanite ($Ca_2MgSi_2O_7$) coating on biodegradable magnesium alloy for biomedical applications. Colloids and Surfaces B: Biointerfaces, 2014, 117: 432-440.

[28] Rojaee R, Fathi M, Raeissi K. Controlling the degradation rate of AZ91 magnesium alloy via sol-gel derived nanostructured hydroxyapatite coating. Materials Science and Engineering C, 2013, 33: 3817-3825.

[29] Khalajabadi S Z, Izman S, Marvibaigi M. The effect of MgO on the biodegradation, physical properties and biocompatibility of a Mg/HA/MgO nanocomposite manufactured by powder metallurgy method. Journal of Alloys and Compounds, 2015, 655: 266-280.

[30] Khalajabadi S Z, Ahmad N, Yahya A, et al. The role of titania on the microstructure, biocorrosion and mechanical properties of Mg/HA-based nanocomposites for potential application in bone

repair. Ceramics International, 2016, 42(16): 18223-18237.

[31] Singh G, Singh H, Sidhu B S. Characterization and corrosion resistance of plasma sprayed HA and HA-SiO$_2$ coatings on Ti-6Al-4V. Surface and Coatings Technology, 2013, 228(15): 242-247.

[32] Mansur M R, Wang Y J, Berndt C C. Microstructure, composition and hardness of laser-assisted hydroxyapatite and Ti-6Al-4V composite coatings.Surface and Coatings Technology, 2013, 232(15): 482-488.

[33] Khandelwal H, Singh G, Agrawal K, et al. Characterization of hydroxyapatite coating by pulse laser deposition technique on stainless steel 316L by varying laser energy. Applied Surface Science, 2013, 265(15): 30-35.

[34] Sankar M, Suwas S, Balasubramanian S, et al. Comparison of electrochemical behavior of hydroxyapatite coated onto WE43 Mg alloy by electrophoretic and pulsed laser deposition. Surface and Coatings Technology, 2017, 309: 840-848.

第 7 章 实验材料和方法

7.1 实验材料

7.1.1 基体材料

实验用基体材料为 AZ91HP 压铸镁合金，具体成分及尺寸见第 2 章。

7.1.2 涂层材料

涂层材料为山东大学提供的 HA 粉末，粒度为 65～103μm。

7.2 实验过程

7.2.1 激光熔覆实验

激光熔凝和熔覆实验在 DL-5000 型无氦横流 CO_2 激光器上进行，实验装置见第 2 章。

7.2.2 等离子喷涂实验

利用 Sulzer Metco 9M 大气等离子喷涂系统制备涂层。实验过程中采用工艺参数设定，喷嘴：GH；送粉轮转速：35r/min；主气流量 Ar：37.6L/min；辅气流量 H_2：7.05L/min；送粉气流量：17.39L/min；电流：500A；电压：70V；喷涂距离：100mm。

7.3 组织、性能分析方法

7.3.1 组织分析方法

采用 XRD-6000 型 X 射线衍射仪(Cu Kα辐射，λ=0.15406nm)对涂层进行物相鉴定；采用 MEF-3 型光学显微镜(OM)及 JSM-5600LV 型扫描电子显微镜(SEM)对涂层宏观形貌及横截面组织进行分析，涂层及原始镁合金样品采用的腐蚀液均为 10mL 去离子水+20mL 冰乙酸+50mL 乙二醇+1mL 浓硝酸。

7.3.2 性能分析方法

1. 硬度和弹性模量测试

利用 DUH-W201S 型动态超显微硬度计测试涂层的显微硬度和弹性模量，实验加载为 100g，加载时间为 10s，加载速度为 6.6195mN/s。

2. 采用静态失重法测试改性层的腐蚀性能

腐蚀介质为 Hank's 模拟体液，成分为 8g NaCl+0.35g $NaHCO_3$+0.8g KCl+10g $C_6H_{12}O_6$+0.14g $CaCl_2$+0.1g $MgCl_2 \cdot 6H_2O$+0.06g $MgSO_4 \cdot 7H_2O$+0.06g KH_2PO_4+0.06g $Na_2HPO_4 \cdot 12H_2O$ 和 1000mL 水，在温度为 37℃的恒温箱中保温。浸泡前所有试样经金相砂纸研磨处理，用丙酮和无水酒精清洗试样表面。实验过程中将试样悬挂于溶液中，每隔一定时间取出并清除试样表面的腐蚀产物，吹风机吹干后用精度为 0.01mg 的电子秤称取试样腐蚀前后的质量，计算腐蚀速率方法见 2.2.4 节。实验材料用金相砂纸打磨，并用环氧树脂封装，预留反应面积，分别用无水乙醇、丙酮、去离子水超声清洗，室温晾干备用。

3. 沉积实验

将试样放在置于 37℃的恒温箱中的 Hank's 模拟体液中浸泡，每隔一定时间更换 Hank's 模拟体液，然后用扫描电子显微镜观察涂层表面的沉积情况。

4. 血液相容性实验

凝血酶原时间(prothrombin time, PT)实验是指待测血浆加入过量的含钙组织凝血活酶，重新钙化的血浆在组织因子存在时激活因子 X 成为 Xa，Xa 使凝血酶原转变为凝血酶，凝血酶使纤维蛋白原转变为不溶性纤维蛋白，血浆凝固所需的时间[1]。

PT 测定的是外源性凝血系统的实验，是外源性及共同途径凝血因子的定量实验。血浆与材料接触作用一段时间后测定 PT，判断材料对凝血酶原因子的激活所致的凝血时间的影响。它可以反映血浆中凝血酶原、因子Ⅴ、因子Ⅶ、因子Ⅹ以及纤维蛋白原水平，用于检测外源凝血系统[2-3]。

1) 实验试剂

凝血活酶(每瓶 PT 试剂加入 2.0mL 缓冲液(PT 试剂自带)轻摇溶解制得)。

2) 实验血源

将新采取的兔血(血浆：兔耳采血，兔血：0.109mol/L 枸橼酸钠=1：9)放入塑料管或硅化玻璃管中，轻轻颠倒混匀，3000r/min 离心 10min，收集上层液(血浆，黄色)。

3) 试样制备及处理

将试样尺寸为 10mm×10mm×1mm(或面积更大一些)的薄片样品，根据材料的最终应用状态或实验要求分别进行机械研磨或抛光，试样先后经丙酮、酒精、蒸馏水超声清洗，后经紫外光消毒。

4) 实验仪器设备

离心机、微量移液器、GF-2000Ⅱ型半自动血凝仪。

5) 操作步骤

(1) 将血凝仪打开预温 30min 后，在主菜单下按[2]选择测试项目 PT；将加入钢珠的测试杯放入预温槽中预温；将凝血活酶吸入血凝仪连续进样器，并在其上的预温孔中预温。

(2) 将样品置于血凝仪的预温位上，在样品表面加入一定量(150μL)血浆后按下预温计时器预温 1min 或 2min。

(3) 到时间后，用微量移液器取 50μL 血浆于测试杯中，将测试杯从预温槽移至测试槽中，用连续进样器加入预温 37℃的凝血活酶 100μL，自动测试；测试完毕，记录时间，同时打印机随机打印结果。

5. 细胞毒性实验

1) 成骨细胞的取材

取新生 1~2 天的 SD(Sprague Dawley)大鼠 4 只，放入 75%酒精中浸泡消毒 10min，无菌操作取出颅骨。将颅骨置于含磷酸盐缓冲液(phosphate buffer saline, PBS)的培养皿中，清除骨膜、血管和结缔组织，并用 PBS 洗涤 2 次。将颅骨剪碎成泥状，移入含 0.25%胰蛋白酶消化液的培养皿中，于恒温箱中振荡消化约 1h，用 PBS 洗涤，吹打均匀，离心弃去上清液，再加入 1%Ⅰ、Ⅱ型混合胶原酶于恒温培养箱中继续消化约 2h，加细胞培养液，吹打均匀；于离心机中以 800r/min 的转速离心 10min，通过细胞计数，调节细胞密度至 $1×10^5$ 个/mL 接种于培养板，置 37℃、5%CO_2 培养箱中培养。待细胞贴壁，吸去培养液，换上新的培养液。以后换液用 PBS 洗涤 2 次，换上新的培养液。

2) 成骨细胞的传代培养

原代培养细胞 80%汇合时，弃培养液，用 PBS 洗涤 3 次；加入 0.25%胰蛋白酶，37℃消化并不断在显微镜下观察，待多数细胞突起回缩、变圆时即吸出消化液，加入含血清的培养液终止消化，反复吹打，制备细胞悬液，计数分瓶接种，2~3 天换液一次。

3) 附着于材料表面细胞的形态学观察

在培养瓶中分别放入灭菌处理后的激光熔凝层、等离子喷涂 HA 涂层、激光重熔 HA 涂层、镁合金四种材料各 5 片，将细胞浓度为 4×10^5 个/mL 的第 3 代成骨细胞分别接种于材料的表面，静置片刻，加入 4mL 199 培养液后，置入 37℃恒温培养箱中密闭培养，于 4 天取出材料，经 2.5%戊二醛前固定，乙醇系列梯度脱水，CO_2 临界点干燥、喷金后，用 JSM25500 型扫描电子显微镜观察玻片上的细胞形态。

参 考 文 献

[1] Huang R H, Du Y M, Yang J H, et al. Influence of functional groups on the in vitro anticoagulant activity of chitosan sulfate. Carbohydrate Research, 2003, 338(6): 483-489.

[2] 潘东升, 汪巨峰, 李波. 2 种试剂对实验动物凝血酶原时间检测结果的比对分析. 药物分析杂志, 2016, 9: 1618-1622.

[3] 余贯华, 计剑, 王东安, 等. 两种新型聚氨酯涂层材料的血液相容性研究. 生物医学工程学杂志, 2004, 21(2): 184-187.

第8章 医用镁合金激光熔凝研究

激光熔凝处理镁合金可使表层组织晶粒细化及二次相含量、分布形式发生变化,从而显著提高镁合金表面的耐磨性和耐蚀性。因此,本章主要利用连续CO_2激光器对AZ91HP镁合金进行熔凝处理,对熔凝层生物相容性进行探讨性研究。

8.1 实验方法

激光熔凝实验在DL-5000型无氦横流CO_2激光器上进行。试样置于充有氩气的真空容器中(真空度为10^{-3}Pa),激光熔凝工艺参数如表8.1所示。

表8.1 激光熔凝工艺参数

样品	激光功率/kW	扫描速度/(mm/min)	光斑尺寸
1#	2.5	800	10mm×1mm
2#	3	800	10mm×1mm
3#	3.5	800	10mm×1mm
4#	4	800	10mm×1mm
5#	4	1000	10mm×1mm
6#	4	1200	10mm×1mm
7#	4	1400	10mm×1mm

8.2 结果和分析

8.2.1 熔凝层组织分析

在激光功率为4kW、扫描速度为800mm/min的条件下,镁合金熔凝层横截面形貌如图8.1所示。从形貌上看熔凝层内不存在裂纹、气孔等缺陷,熔凝层组织比基体明显细化。由于所用激光束为光斑尺寸为10mm×1mm的宽带激光扫描,光束边缘和中心的能量分布均匀,所形成的熔池宏观形貌呈矩形。熔凝层形状与激光工艺参数有密切关系，增加功率或减慢扫描速度都会使熔池形状变大。熔凝层所形成的相结构仍由α-Mg 和β-$Mg_{17}Al_{12}$ 构成。

8.2.2 原始镁合金及熔凝层钙磷沉积分析

沉积实验是评价医用金属材料作为硬组织植入材料其表面与骨的结合情况的一种简单、直接的实验方法。图 8.2(a)为激光熔凝层

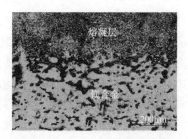

图 8.1 镁合金熔凝层横截面形貌

在 Hank's 模拟体液中浸泡 21 天的沉积形貌，从图中可清楚看到一些絮状物沉积在熔凝层表面，对絮状物进行能谱定性分析，其主要成分如图 8.2(b)所示。由图可知，除了 Mg、O、C 外，还有 Ca、P 元素存在，Ca、P 的摩尔比约为 1.33，接近 HA 中的 Ca、P 分子比(1.67)。由此可知，熔凝层在 Hank's 模拟体液中浸泡时，在其表面较易生成一种钙磷离子，这种熔凝层具有较好的生物相容性。这主要是因为在浸泡溶液中试样表面的一些活化点诱导了模拟体液中钙磷离子的沉积，在浸泡初期，这种絮状物分布不均匀，随机地分布在熔凝层表面，随着浸泡时间的延长，钙磷离子便在这些活化点上异质形核，直至沉淀成絮状物。

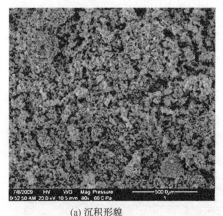

(a) 沉积形貌

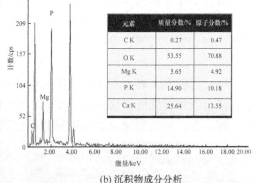

(b) 沉积物成分分析

图 8.2 熔凝层在 Hank's 模拟体液中浸泡 21 天的沉积形貌和能谱图

8.2.3 原始镁合金及熔凝层血液相容性分析

无论是动物实验，还是临床血清学检查都证实金属和合金生物材料植入体内后有金属离子或腐蚀性产物逸出而进入血循环[1]。这些金属离子或腐蚀性产物能与血中球蛋白、白蛋白、红细胞、白细胞结合形成复合物，这些复合物随血循环至全身各个部位，引起全身性反应，如皮肤过敏反应。Merritt 等[2]认为，金属离子和金属的腐蚀性产物结合到细胞成分，可能是机体清除这些产物的途径，但这

些复合物在某些个体又是致免疫的,而在另一些个体又可引起其他组织反应,金属盐与某些蛋白分子结合后致免疫是被证实过的。另外,总有一部分游离的金属离子存在于血液和组织中,它们可以改变组织酶的活性或改变机体的免疫状态。由此可见,对植入金属材料血液相容性的研究非常必要。

凝血酶原时间测定:当材料与血液接触时,血液中的凝血酶原通过级联反应的方式被快速激活,生成凝血酶。凝血酶可催化血液循环中的可溶性纤维蛋白原,从而导致转化为不溶的纤维蛋白。纤维蛋白自发地聚合形成纤维网,加上被吸附积淀下来的血小板,使血液由流动状态变成胶动状态,最后滞结成块状凝团,即形成血栓。因此,对于材料的凝血酶原时间的测定很必要。

本书测得原始镁合金的 PT 为 11.025s,激光熔凝层的 PT 为 12.025s,二者没有明显差异,表明它们在对外源性凝血因子的激活作用上是相当的。正常人的 PT 为 $11s\pm3s^{[3]}$,所以原始镁合金和熔凝层的凝血时间是在正常范围内的。因为血液中存在着相互拮抗的凝血系统和抗凝血系统(纤维蛋白溶解系统),所以由镁及镁合金制成的植入材料植入人体后,不会破坏凝血系统和纤维蛋白溶解系统的动态平衡,既保证了血液潜在的可凝固性,又始终保证了血液的流体状态。

8.2.4 原始镁合金及熔凝层细胞相容性分析

熔凝层和原始镁合金的细胞毒性实验结果表明,培养 1 天后,在原始镁合金周围均发现细胞死亡,并悬浮于培养液表面,细胞出现破碎和固缩,极少数贴壁细胞。在熔凝层周围也发现这种情况,但比原始镁合金细胞的死亡率低。

Specchia 指出,细胞在不同生物材料上的生长状态大致可以分为两种,一种为细胞突起较多,表面有类似微绒毛的结构;另一种为扁平状。图 8.3 为细胞在原始镁合金和熔凝层表面的培养形态,原始镁合金和熔凝层上所生长的细胞均呈第一种形态,且熔凝层上黏附的细胞要比原始镁合金上多。

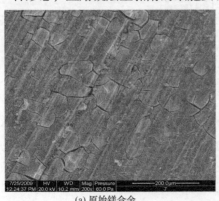
(a) 原始镁合金

(b) 熔凝层

图 8.3 原始镁合金和熔凝层表面细胞附着情况

8.3 本章小结

(1) 在 Hank's 模拟体液中的腐蚀实验结果表明,熔凝层的耐蚀性比原始镁合金显著提高,这能缓解医用镁合金在体液中存在时耐蚀性差的缺点;在 Hank's 模拟体液中的沉积实验结果表明,熔凝层表面存在一些含有 Ca、P 元素的絮状物,Ca、P 的摩尔比约为 1.33,接近 HA 中的 Ca、P 分子比(1.67),这表明熔凝层具有较好的生物相容骨诱导性。

(2) 凝血酶原时间测定结果表明,熔凝层和原始镁合金的 PT 相当,与正常人的 PT(11s±3s)相近。

(3) 在原始镁合金和熔凝层表面均有细胞黏附,但熔凝层表面黏附的细胞比原始镁合金要多。

参 考 文 献

[1] 闵维宪, 王大章, 王翰章, 等. 致密多晶羟基磷灰石微粒人工骨的血液相容性. 华西口腔医学杂志, 1991, 9(1): 25-27.

[2] Merritt K, Brown S A, Sharkey N. The binding of metal salts and corrosion products to cells and proteins in vitro. Journal of Biomedical Materials Research, 1984, 18(9): 1005-1015.

[3] 黄晶晶. 可降解镁基植入材料的研究. 沈阳: 中国科学院金属研究所博士学位论文, 2008.

第 9 章 医用镁合金等离子喷涂羟基磷灰石涂层研究

由第 8 章分析可知，对于医用镁合金表面改性，如果不对其表面添加涂层材料，只是单纯地通过激光熔凝处理使其表面显微组织、元素含量发生变化，那么所获得改性层的耐蚀性和生物相容性提高幅度不大。因此，若要提高医用镁合金的表面耐蚀性和生物相容性，必须采用一定的表面改性方法，在其表面制备一层具有较好生物相容性和耐蚀性的涂层。众所周知，HA 生物活性陶瓷具有良好的耐蚀性和优良的生物相容性，本章利用等离子喷涂表面改性技术，在医用镁合金表面制备具有一定厚度的 HA 涂层。这种既具有镁合金金属基底的强度和韧性，又具有 HA 生物陶瓷涂层优良的生物活性和生物相容性的医用复合材料，将改善医用镁合金表面的耐蚀性和生物相容性。

9.1 实验材料和方法

基体材料为铸态 AZ91HP 镁合金，涂覆材料为山东大学提供的粒度为 65～103μm 的 HA 粉末。等离子喷涂工艺参数如表 9.1 所示。

表 9.1 等离子喷涂工艺参数

涂层	主气流量 $V/(m^3/h)$	辅气流量 $V/(m^3/h)$	电压 U/V	电流 I/A	转速 $n/(r/min)$	厚度/mm
HA	37.6	7.05	500	70	35	0.1

9.2 结果和分析

9.2.1 等离子喷涂层显微组织分析

涂层的表面是直接和体液接触的部分，与涂层在基体的长期稳定性和生物活性密切相关。在等离子喷涂制备 HA 涂层过程中，一方面，HA 粉末高温熔化产生部分分解；另一方面，熔化的粉末在基体上快速冷却固化成型(冷却速率可达 $10^6K/s$)，与原始粉末相比涂层中的 HA 晶体结构要发生很大变化，通常认为涂层中除了含有结晶的 HA，还有非晶态的 HA、TTCP(磷酸四钙)、β-TCP(磷酸三钙)等。磷酸钙盐在体液中的溶解速率是不一样的，溶解速率从高到低分别为 ACP(无定性磷酸钙)>TTCP>β-TCP>HA[1-4]。因此，研究涂层表面的相结构对制备在体内长期稳定的涂层有重要意义。

图9.1为等离子喷涂层X射线衍射谱。由图可知，等离子喷涂层所形成的相主要由结晶HA、非晶HA和β-TCP组成，其中，结晶HA占较大比例。由此可知，结晶HA分解生成了β-TCP和非晶HA，与β-TCP和非晶相比，结晶HA的溶解度高得多且降解快，这使得涂层在载荷和模拟体液腐蚀的共同作用下变得不稳定，导致涂层的早期溶解，从而降低涂层与基底之间的结合强度。但如果就涂层与骨的结合来看，涂

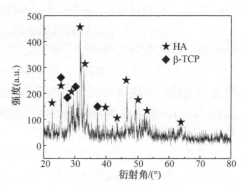

图9.1 等离子喷涂层X射线衍射谱

层溶解和降解造成Ca、P局部浓度相对较高，却能与骨细胞的蛋白质分子相互作用，并刺激骨的生长，使植入体与骨形成化学性的生物结合。

对于植入材料，适量的溶解和降解是必需的，重要的是应避免涂层过早地溶解而减弱涂层与金属基底的牢固结合，即控制涂层中HA的含量。

因此，由结晶HA、β-TCP和一定量的非晶HA构成的涂层，具有较长的稳定性和较好的生物相容性。

等离子喷涂层的表面形貌如图9.2所示。由图可知，涂层表面扁平状的颗粒相互连接构成连续相，部分熔融的颗粒黏附在连续相中或者被连续相包裹，构成涂层粗糙的表面。涂层中还存在着许多大小不一、形状不规则的孔洞。

研究表明[5]，① 当涂层表面存在横向距离和纵向距离大于100μm的孔洞时，有利于植入体与骨组织形成稳定的机械结合；② 当涂层表面存在横向距离和纵向距离为10～100μm的孔洞时，这种表面将影响骨组织的形成以及细胞的极性、形貌和排列方式；③ 当涂层表面存在横向距离和纵向距离小于10μm的孔洞时，将影响骨细胞的黏结以及排列方式。研究所制备的等离子喷涂层表面存在许多直径大于100μm的孔洞，这更有利于生体组织的长入，从而使生体组织和涂层更容易产生生物结合。

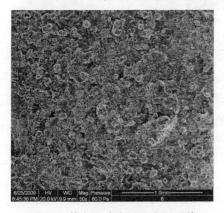

图9.2 等离子喷涂层的表面形貌

另外，等离子喷涂层表面存在一定的

孔隙率和粗糙结构，除了有利于成骨细胞及胶原纤维与涂层表面成垂直连接，形成交叉连接式的骨结合，可提高涂层与骨界面的结合强度，还将明显改变在负荷状态下种植体/骨之间界面的力学传递方式。

图 9.3 为等离子喷涂层的显微组织及元素分布。其中，图 9.3(a)为涂层的横截面形貌，可见涂层与基体结合界面处无裂纹、气孔等缺陷。从图 9.3(b)可以看到，涂层呈明显的层状堆积特征，这主要是由等离子喷涂工艺特点决定的。等离子喷涂是利用等离子热源将材料加热至熔化或热塑性状态，形成一簇高速的熔态粒子流(熔滴流)，依次碰撞基体或已形成的涂层表面，经过粒子的横向流动扁平化，急速凝固冷却，不断沉积而形成的[6]。理论分析表明，熔滴在形成涂层的过程中，由于很高的扁平化速率和冷却凝固速率，各熔滴的行为在通常的喷涂条件下是相互独立的，后一道喷涂粉末在前一道涂层上重复叠加[7-8]，所以等离子喷涂层具有层状结构的特征。

在本书中，虽然基体镁合金的熔点很低，在等离子高温作用下可能使基体中的镁熔到涂层中，但当工艺参数选择合适时，基体中的镁不会对涂层造成稀释。图 9.3(c)为沿涂层横截面元素分析，由图可知，涂层中 Ca、P 含量最多，而 Mg 元素在涂层中基本没有，这就保证了涂层免受 Mg 的稀释，从而使涂层的耐蚀性和生物相容性得到保证。

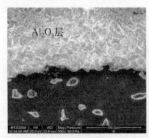
(a) 涂层横截面形貌

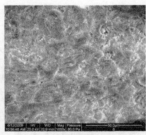
(b) Al_2O_3高倍形貌

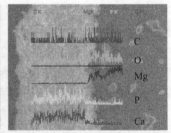
(c) 涂层横截面元素分析

图 9.3 等离子喷涂层的显微组织及元素分布

医用镁合金表面 HA 涂层的获得，可以充分发挥 HA 良好的生物活性、防止有害金属离子在体液中的释放、改进镁合金表面性能。也就是说，作为医用植入体的复合材料，其理想的涂层结构应具有从金属基底致密结构过渡到涂层表面疏松结构的梯度变化，涂层与基底之间无明显界面，彼此结合紧密，以保证涂层与金属基底的牢固结合和涂层与骨骼的生物固定。

9.2.2 等离子喷涂层弹性模量及硬度分析

对于金属植入材料，除了要求具有很好的耐蚀性和生物相容性外，涂层的力学性能也尤为重要。通常需要骨替换或骨增强的材料与临近骨具有尽可能相同的弹性模量；另外，作为关节替换材料，无论是全部替换还是部分替换，都要求具有低摩擦和低磨损，因此涂层材料的耐磨性也十分重要。本书利用动态超显微硬度计对涂层的弹性模量和硬度进行分析。

图9.4为弹性模量测试时的载荷-深度曲线。喷涂粒子撞击基体的快速凝固使得喷涂粒子呈现扁平效应，涂层实质上是由平行于基体界面的、相互嵌合的片层结构组成的，涂层内部孔隙、微裂纹等缺陷的分散性降低了涂层的弹性模量。

本书所测得涂层的弹性模量平均值约为19.825GPa。表9.2为致密骨等不同材料和所制备的HA涂层的弹性模量。由表可以看出，致密骨的弹性模量为3.9～11.7GPa，牙本质的弹性模量为18.2GPa，而本实验制备的HA涂层的弹性模量与二者的弹性模量比较接近。这可使涂层植入活体后减少骨头和牙齿等对植入体的应力遮挡效应，为植入后的组织匹配和力学匹配提供了有利条件。

表9.2 不同材料和制备的HA涂层的弹性模量

材料	牙本质	牙釉质	致密骨	HA涂层
E/GPa	18.2	82.4	3.9～11.7	19.825

对于金属制作材料，如组成人工关节摩擦副时，急需解决的是磨损问题，而磨损与材料的力学特性密切相关，特别是表层的硬度。图9.5为涂层硬度测试时的载荷-深度曲线，实验测得涂层表层硬度为300～350HV，比致密的HA硬度(539HV)低，这主要由等离子喷涂工艺特点决定，由前述可知等离子喷涂层为疏松、多孔状，所以导致涂层硬度下降。但涂层的硬度与基体镁合金(80HV)相比，已有大幅度提高。牙本质等不同材料的硬度如表9.3所示。由表可知，所获得涂层的硬度高于牙本质，与牙釉质的硬度相当。

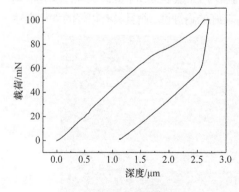

图9.4 弹性模量测试曲线

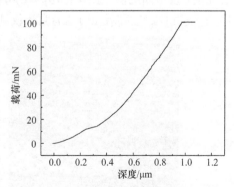

图9.5 硬度测试曲线

表 9.3　不同材料的显微硬度

材料	牙本质	牙釉质	致密骨	HA涂层
HV	72	350	—	300~350

9.2.3　等离子喷涂层耐蚀性分析

作为植入材料，涂层的耐蚀性非常重要。图 9.6 为涂层和镁合金在模拟体液中的腐蚀曲线。由图可知，随着时间的增加，两种材料呈现不同的变化趋势：随着腐蚀时间的增加，镁合金质量不断减少，而 HA 涂层的质量却不断增加。这主要是因为在腐蚀的过程中，镁合金表面发生电偶腐蚀，腐蚀比较剧烈，同时表面沉积的 Ca、P 离子较少，所以质量在不断减少；而涂层由于 HA 的耐蚀性很好，同时在其表面又极易使 Ca、P 等离子沉积下来，所以质量在不断增加。

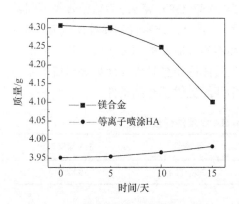

图 9.6　涂层和镁合金在模拟体液中的腐蚀曲线

镁合金和涂层的腐蚀形貌如图 9.7 所示。镁合金在最初的腐蚀时间内质量变化较小，腐蚀表面的腐蚀坑也较少(图 9.7(a))，而随着腐蚀时间的增加，α-Mg 和 β-$Mg_{17}Al_{12}$ 所构成的腐蚀电偶对增加，质量变化显著，到 12 天时质量已大幅度降低，在腐蚀表面可以明显看到腐蚀洞(图 9.7(c))。而 HA 涂层随时间增加却呈现相反的变化趋势：涂层在浸泡 12 天内表面形貌仍完好无损，由于体液中的离子在涂层表面发生反应而沉积，由图 9.7(b)和(d)可明显看到涂层表面沉积的小颗粒在增加、增厚。这表明本实验所制备的 HA 涂层不仅具有较好的耐蚀性，而且具有很好的骨相容性。

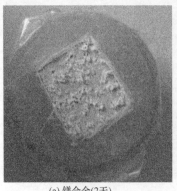

(a) 镁合金(2天)

(b) 涂层(2天)

(c) 镁合金(12天)　　　　　　(d) 涂层(12天)

图 9.7　腐蚀宏观形貌

9.2.4　等离子喷涂层钙磷沉积分析

通常认为，一种材料是否具有生物活性，能与骨形成骨键合，在体内环境中能否在表面形成一层类骨磷灰石层是关键。在正常状态下，体液的磷酸钙含量处于过饱和状态，然而这些钙磷仅沉积在骨组织中，这是因为磷酸钙晶核的形成需要较高的能量。所以，若在生物材料表面有一些功能团能有效地产生磷酸钙晶核，则在体内就会自动生成类骨磷灰石层，具有表面生物活性。因此，一种材料在体外模拟体液中形成磷酸钙晶核并沉积类骨磷灰石层的能力可作为考查此种材料的生物活性的重要指标[9]。

本书为了考查 HA 涂层的生物活性，将涂层在 Hank's 模拟体液中浸泡后，观察表面沉积的类骨磷灰石情况。图 9.8 为涂层在 Hank's 模拟体液中浸泡 21 天后涂层表面形貌和生成物的能谱图。图 9.8(a)为涂层浸泡 21 天后的表面低倍形貌，可见在涂层表面生成了一些白色的絮状物质；对其进行放大如图 9.8(b)所示；能谱分析(图 9.8(c))表明，表面絮状生成物含有 Ca、P、C、O 四种元素，且 Ca、P 分子比约为 1.60，接近 HA 涂层中 Ca、P 分子比，这表明 HA 涂层在 Hank's 模拟体液的作用下，发生了一系列物理和化学反应，显示出一定的反应活性。

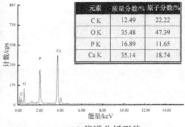

(a) 低倍形貌　　　　　(b) 高倍形貌　　　　　(c) 能谱分析形貌

图 9.8　涂层在 Hank's 模拟体液中浸泡 21 天后的形貌和能谱图

Zhang 等[10]详细研究 HA 涂层在模拟体液中的行为，且认为 HA 涂层的生物活性受两个因素影响：涂层的溶解度和矿化反应。涂层在模拟体液中的溶解和矿化反应在三个时间段内完成，第一阶段是 1~3 天，由于模拟体液中的 Ca^{2+} 和 PO_4^{3-} 浓度较小，涂层中 Ca^{2+} 和 PO_4^{3-} 溶解在模拟体液中扩散较快，所以这段时间是以涂层溶解为主；第二阶段是 4~14 天，随着时间的推进，模拟体液中 Ca^{2+} 和 PO_4^{3-} 的浓度变大，模拟体液和涂层的浓度差减小，涂层溶解趋于平稳，模拟体液中的 Ca^{2+} 和 PO_4^{3-} 开始在涂层表面发生反应，以小晶粒的形式沉积在涂层表面，这一阶段是以钙和磷酸反应为主；第三阶段是 14 天以后，在这一阶段，模拟体液中的 CO_3^{2-} 开始部分取代 PO_4^{3-}，在涂层表面生成类似骨组织的类骨碳酸磷灰石，其化学式为 $Ca_{10-x}(PO_4)_{6-x}(CO_3)_x(OH)_2$。

有学者研究认为[5]，类骨碳酸磷灰石的形成过程是一个新相的形成和长大的过程，此过程包括两个阶段，第一阶段是形核，第二阶段是长大，模拟体液与人体血浆有着相似的离子浓度，而且是磷灰石的过饱和溶液，但是这种过饱和度不足以促使溶液发生均匀形核。非均匀形核的驱动力来自两个方面，一方面，HA 涂层中相的溶解产生的 Ca^{2+}、OH^-、PO_4^{3-} 进入模拟体液中，使涂层周围的离子浓度增加；另一方面，HA 晶体属于 P63/m 空间群，由很多六角柱状的单晶团聚而成，这种柱状晶体的横截面为六边形，其构晶离子为 Ca^{2+}、OH^-、PO_4^{3-}。因此，HA 表面对 Ca^{2+}、OH^- 有很强的吸附能力。当涂层材料与模拟体液接触时，通过 HA 表面的 Ca^{2+}、PO_4^{3-} 吸附而沉积 $CaHPO_4 \cdot 2H_2O$、$Ca_8H_2(PO_4)_6 \cdot 5H_2O$，它们与模拟体液中的 HPO_4^{2-}、CO_3^{2-} 相互作用，在表面形成新相的核心。由于模拟体液为磷灰石的过饱和溶液，磷灰石晶核一旦形成，就可以通过消耗周围溶液中的钙离子和磷酸根离子而自发长大。涂层表面类骨碳酸磷灰石的形成是一个溶解和沉积互逆的过程，根据 Ostwald 的成核理论，成核的自由能取决于溶液的过饱和度、成核的净界面能、温度和颗粒的表面积。

综上所述，可以推断本书中 HA 涂层在模拟体液中的生成物是类骨碳酸磷灰石($Ca_{10-x}(PO_4)_{6-x}(CO_3)_x(OH)_2$)，文献[11]也证实 HA 材料在模拟体液中浸泡会产生碳酸磷灰石。

另外，文献[12]的研究结果表明，生物陶瓷表面在活体中生成一层具有生物活性的类骨碳酸磷灰石层是生物材料与活体骨之间产生化学键合的必要条件。可见，本实验所制备的这种生物陶瓷复合涂层具有很好的生物活性，有望通过这层磷灰石层与活体骨产生牢固的化学键合。

9.2.5 等离子喷涂层血液相容性分析

本书采用凝血酶原时间对涂层的血液相容性进行评价：PT 越长，材料的抗凝血性能越好。实验测得等离子喷涂层的 PT 约为 18.289s，比原始镁合金(11.025s)有显著增加，等离子喷涂层的抗凝血性能优于原始镁合金，这主要是因为等离子喷涂层是由生物相容性较好的 HA 和 β-TCP 组成的。

9.2.6 等离子喷涂层细胞相容性分析

细胞在材料表面的附着是成骨细胞在材料表面发挥功能的前提。评价材料的细胞毒性主要有体内植入法和体外模拟法，本书采用体外模拟法对等离子喷涂层的细胞毒性进行分析，因为体外实验研究可以较容易观察材料对细胞附着生长的影响，而不易受到其他因素的影响。图 9.9 为成骨细胞在等离子喷涂层表面的成骨细胞形态。由图可知，细胞牢固地黏附于材料上，铺展生长，呈多边形，细胞伸出多个细长的突出与材料相连，且可见突出相互连接。

图 9.9　涂层表面的成骨细胞形态

这表明本次实验所制备的等离子喷涂 HA 涂层具有较好的细胞相容性。

9.3　本章小结

(1) 等离子喷涂 HA 涂层当工艺参数选择合适时，所制备的涂层由 HA、β-TCP 和非晶组成，涂层表面存在一些有利于骨长入的孔洞；涂层显微组织为层状结构，基体中的镁没有对涂层造成稀释影响。

(2) 涂层的弹性模量平均值约为 19.825GPa，与致密骨和牙本质的弹性模量接近，可有效缓解应力遮挡效应；涂层的硬度为 300～350HV，比基体镁合金的硬度显著提高，有利于涂层耐磨性的改善。

(3) 在模拟体液腐蚀介质中的耐蚀性结果表明，涂层与镁合金相比具有较好的耐蚀性，在介质中腐蚀 12 天后，腐蚀表面仍然完好无缺，没有任何腐蚀孔洞存在。

(4) 钙磷沉积实验结果表明本实验所制备的 HA 涂层具有很好的骨诱导性，涂层表面沉积了许多类骨碳酸磷灰石颗粒。

(5) 生物实验结果表明等离子喷涂 HA 涂层具有很好的血液相容性和细胞相容性。

参 考 文 献

[1] 郑扣松. HA 生物活性梯度涂层的制备和性能研究. 武汉:华中科技大学硕士学位论文, 2006.
[2] 王艳. TC4 表面激光熔覆 HA 涂层组织与性能研究. 西安: 长安大学硕士学位论文, 2017.
[3] LeGeros R Z. Biodegradation and bioresorption of calciumphosphate ceramics. Clinical Materials, 1993, 14(1): 65-88.
[4] LeGeros R Z, LeGeros J P, Kim Y, et al. Calcium phosphates in plasma-sprayed HA coatings. Ceramic Transactions, 1995, 48: 173-189.
[5] Radin S R, Ducheyne P. The effect of calcium phosphate ceramic composition and structure on in vitro behaviour II:Precipitation. Journal of Biomedical Materials Research, 1993, 27(1): 35-45.
[6] McPherson R. The relationship between the mechanism of formation, microstructure and properties of plasma-sprayed coatings. Thin Solid Films, 1981, 83: 297-310.
[7] Ohmori A, Li C J. Thermal Spaying: Theory and Applications. London: World Scientific Publishing Co, 1993.
[8] Safai S, Herman H. Microstructural investigation of plasma-sprayed aluminum coatings. Thin Solid Films, 1977, 45: 295-307.
[9] 曹阳. 磷酸钙涂层植入体表面稳定性、生物活性及界面结合强度的研究. 成都：四川大学博士学位论文, 2005.
[10] Zhang Q Y, Chen J Y, Feng J M. Dissolution and mineralization behaviors of HA coatings. Biomaterials, 2003, 24: 4741-4748.
[11] Khor K A, Li H, Cheang P. In vitro behavior of HVOF sprayed calcium Phosphate splats and coatings. Biomaterials, 2002, 23: 775-785.
[12] 郑学斌, 丁传贤, 王毅, 等. 等离子喷涂 HA/Ti 复合涂层研究(Ⅱ. 生物学性能). 无机材料学报, 2000, 15(6): 1083-1088.

第 10 章 医用镁合金激光制备羟基磷灰石涂层研究

采用等离子喷涂技术在医用镁合金表面制备耐蚀性和生物相容性较好的 HA 涂层，较大改善了医用镁合金的表面性能。然而，文献[1]表明 HA 经等离子喷涂后会产生明显的分解、非晶化和失羟等现象，这将影响其植入后的生物学性能和力学性能，例如，杂质相和非晶相的溶解使得体液侵入涂层与基体的界面处，造成涂层的剥落。因此，作为种植体使用的 HA 涂层应具有高结晶度和相稳定性。结晶度越高，稳定性越高，溶解和降解越慢，越有利于骨整合。一般通过热处理的方法使涂层的结晶度升高，从而提升涂层的植入稳定性。本章采用激光热处理来控制喷涂层中非晶相含量，使非晶 HA 和β-TCP 重新转变为晶体的 HA。

另外，采用激光热处理技术所获得的生物陶瓷涂层还具有以下优点：涂层具有择优取向有序分布的胞状或柱状微晶组织特征，这种组织与自然生物的组织结构有相似之处。因此，本章在第 9 章的基础上进一步利用激光熔覆技术在医用镁合金表面制备 HA 涂层，以期为医用镁合金表面耐蚀性和生物相容性的改善提供参考。

10.1 激光熔覆羟基磷灰石涂层研究

10.1.1 实验材料和方法

采用厚度为 10mm 的铸态 AZ91HP 镁合金作为基体材料，涂覆材料为粒度为 65~103μm 的 HA 粉末，同时添加 1%的 Y_2O_3，采用 4%聚乙烯醇作为黏结剂将粉末预置于基体表面。为考查过渡层对涂层制备的影响，对部分试样采用 Al-Si 共晶合金作为过渡层进行研究。

将试样置于真空容器中(真空度为 10^{-3}Pa)，通氩气保护，然后采用 5kW 横流 CO_2 激光器进行激光熔覆处理，HA 涂层工艺参数为：激光功率为 1.7kW，扫描速度为 10mm/s，光斑尺寸为 3mm；Al-Si 过渡层工艺参数为：激光功率为 3kW，扫描速度为 10mm/s，光斑尺寸为 3mm。

采用 XRD-6000 型 X 射线衍射仪、JSM-5600LV 型扫描电子显微镜(配有 Oxford ISIS-3 型能谱仪)对合成产物的物相、成分及微观结构进行分析。

10.1.2 结果和分析

1. 激光熔覆涂层宏观形貌分析

图 10.1 为涂层宏观形貌。由图可知,添加过渡层 Al-Si 共晶合金时所制备的涂层被 Al-Si 合金大量稀释,涂层表面呈明显的金属光泽,不存在生物陶瓷釉层(图 10.1(a));而在不添加 Al-Si 过渡层的情况下,所制备的涂层形成具有生物陶瓷釉层的合金化层,涂层表面有呈不连续、泪珠状的灰白色陶瓷颗粒和少量红褐色的陶瓷颗粒(图 10.1(b))。由此可见,当在镁合金表面激光熔覆 HA 陶瓷时,采用 Al-Si 共晶合金作为过渡层是行不通的。而对于图 10.1(b)中的涂层没有形成连续的陶瓷釉层,其原因为:激光熔覆时,熔覆材料熔化后体积会膨胀,HA 会分解,激光功率越高,HA 的分解越严重。文献表明,HA 在 1400K 时将发生分解,而本书中所采用的激光功率密度(240W/mm^2)较高,涂层部分区域完全能够达到 HA 的分解温度,部分 HA 将以 H$_2$O 分子形式挥发,从而形成不连续的陶瓷釉层。而如果采用较低的功率密度、较快的扫描速度,则可避免 HA 的分解,形成连续的陶瓷釉层。

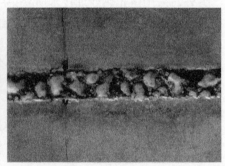

(a) 添加过渡层   (b) 无过渡层

图 10.1 激光熔覆涂层宏观形貌

2. 激光熔覆涂层 X 射线衍射分析

镁合金基体上的激光熔覆具有不同于其他基体的特点,即由于镁合金熔点较低,在激光高能量密度作用下极易造成镁对涂层的稀释,在本书中基体镁对涂层也产生了稀释影响。图 10.2 为不添加过渡层时涂层的 X 射线衍射谱,涂层相主要由 HA、α-Mg、α-CaH$_2$P$_2$O$_7$ 和 CaH$_4$(PO$_3$)$_2$·H$_2$O 组成。其中,HA 具有与人体无机物十分近似的结构和成分,被认为是最有生物前景的陶瓷相,α-CaH$_2$P$_2$O$_7$ 和 CaH$_4$(PO$_3$)$_2$·H$_2$O 都具有较好的生物相容性。但是基体镁对涂层的稀释影响仍然比较严重,所以如何控制基体镁对涂层的稀释作用也是涂层制备的关键。

3. 激光熔覆涂层的显微组织分析

图 10.3(a)为不添加过渡层时涂层横截面形貌,主要分为熔覆层、结合区、热影响区和镁合金基体。各区界面放大形貌如图 10.3(b)和(c)所示,可见各区界面均呈冶金结合,不存在明显的裂纹和气孔等缺陷,其中结合区为细化的树枝晶组织并分布着一些细小的颗粒析出物,热影响区则形成 α-Mg 和 β-$Mg_{17}Al_{12}$ 树枝状的共晶组织。涂层与基体能够达到良好的冶金结

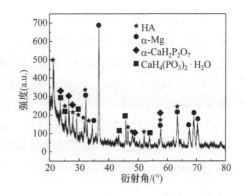

图 10.2 激光熔覆涂层 X 射线衍射谱

合,熔覆粉末中所添加的 1%Y_2O_3 起到了积极作用。图 10.3(d)为熔覆层放大显微组织,主要为沿激光束方向成一定择优取向的致密的胞状晶,并存在一些微孔和晶界析出物。致密的组织有利于涂层强度的提高,微孔则有利于骨组织的植入生长。其面成分分析结果显示涂层中 Ca、P 的摩尔分数分别为 13.78%和 7.95%,其摩尔比为 1.73,接近理论值 1.67,从而大大提高了涂层的生物活性。

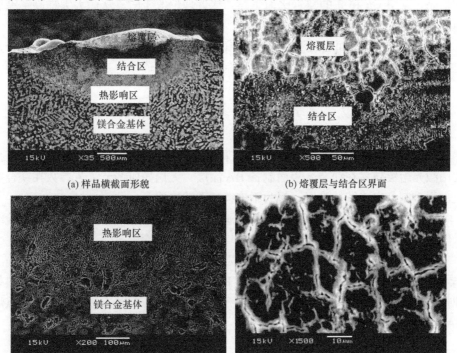

图 10.3 激光熔覆涂层显微组织

激光熔覆后的生物陶瓷与其他陶瓷材料一样具有导热性低的共性,故激光熔体与相邻基体之间的温度梯度必然很大。这就使熔体中温度梯度和凝固速率的比值及固-液界面向前推进的冷却速率均具有较大值。加之激光扫描速度高达10mm/s,故胞状界面生长不仅可一直延续到溶池表面,而且几乎沿热流方向(或光束方向)定向排布,因而该生物陶瓷涂层组织呈现一定的择优取向、有序的胞状微晶组织。另外,由图 10.3(d)可知,晶界处存在析出相,这可能是因 Y_2O_3 的截面吸附性而诱发某种钙磷相或杂质相的析出。这些特征在很大程度上提高了与自然生物硬组织的相似性。

10.1.3 结论

(1) 镁合金表面通过激光熔覆方法制备了 HA 涂层;Al-Si 共晶合金作为过渡层对涂层的制备没有起到积极作用。

(2) 在不添加过渡层情况下所制备的涂层主要由 HA、α-Mg、α-$CaH_2P_2O_7$ 和 $CaH_4(PO_3)_2 \cdot H_2O$ 组成,其中 HA 和钙磷相均提高了涂层的生物相容性。

(3) 陶瓷涂层和镁合金基体达到了良好的冶金结合,涂层显微组织为致密的胞状晶,其中 Ca 和 P 的摩尔比为 1.73,接近理论值 1.67,从而大大提高了涂层的生物活性。

(4) 在镁合金表面通过激光熔覆技术制备 HA 涂层是可行的,但基体镁合金对涂层的稀释问题有待解决。另外,所制备的涂层不连续也是需要解决的问题。

10.2 激光重熔羟基磷灰石涂层研究

通过 10.1 节的研究结果可知,在不采用预处理制备 HA 涂层的情况下,直接利用激光熔覆技术在镁合金表面制备 HA 涂层,无论如何调节工艺参数在镁合金上也很难制备出连续的涂层,都为不连续的珠状涂层。

而采用添加 MgO、激光熔凝层等过渡层方法制备羟基磷灰石涂层,其实验结果仍然和上面情况类似,所制备的涂层均为不连续的涂层。

最终,总结以上几种实验方案的失败原因,并通过阅读大量文献,在以前工作经验的基础上,决定采用等离子喷涂 HA 涂层作为过渡层,然后利用激光热处理技术对其进行重熔处理制备羟基磷灰石涂层,实验证明此方法获得的激光重熔HA 涂层具有更高的生物活性。

10.2.1 实验材料和方法

涂覆材料为山东大学提供的粒度为 65~103μm 的 HA 粉末。等离子喷涂工艺参数如表 9.1 所示。激光重熔工艺参数为：激光功率为 500W，扫描速度为 1.5～3m/min，光斑尺寸为 10mm×1mm。

10.2.2 结果和分析

1. 激光重熔涂层形貌分析

图 10.4 为激光重熔等离子喷涂层宏观形貌。当试样表面的等离子喷涂层较厚时，经激光处理后，形成的熔覆层容易剥落(图 10.4(a))；而当等离子喷涂层的厚度较薄时，经激光处理后，其形成的熔覆层很成功，无明显的缺陷(图 10.4(b))。主要原因是涂层与金属基底之间的宏观界面导致两者热膨胀系数不匹配，由此产生残余应力，从而降低结合强度，最终造成熔覆层的剥落。涂层越薄，与基体结合的力学性能越好；涂层越厚，则涂层的残余应力越大，涂层与基体的结合越不稳定。目前，一般认为比较好的涂层厚度为 50μm 左右。

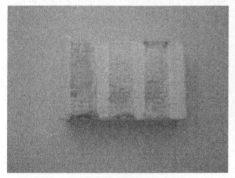
(a) 较厚的等离子喷涂层

(b) 较薄的等离子喷涂层

图 10.4 激光重熔等离子喷涂层宏观形貌

另外，激光重熔涂层表面粗糙度比等离子喷涂层小很多，这有利于涂层血液相容性的提高。有文献认为，高度平滑的生物材料表面有益于提高血液相容性，一般来说材料表面越粗糙，暴露在血液中的面积越大，凝血的可能性就越大。

图 10.5 为激光重熔涂层的表面显微形貌，在较低倍数下观察生物陶瓷涂层较平整，其上分布着一些孔隙和裂纹(图 10.5(a))，对于植入体而言，表面孔隙有利于新生骨的长入(图 10.5(b))，而其间的裂纹则可成为细胞和血管的生长通道。同时，这些互连孔隙还可增强植入体与体内组织的机械咬合，抑制其早期松动，因此能有效地阻止纤维组织在植入体周围产生。

在高倍电子显微镜下进一步观察发现其较平整的部位具有独特的表面结构，如图 10.5(c)所示，形成了一种短杆堆积结构，这是一种典型的 HA 结构，这种结构无疑将增加生物陶瓷涂层与骨组织的生物相容性。

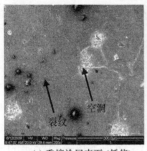  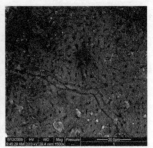

(a) 重熔涂层表面 (低倍)　　(b) 重熔涂层表面 (高倍)　　(c) 短杆结构 (高倍)

图 10.5　激光重熔涂层的表面显微形貌

2. 激光重熔涂层的显微组织分析

由 10.1 节的分析可知，在没有等离子喷涂作为过渡层的情况下，直接采用激光熔覆处理时，基体镁对涂层产生了稀释影响，涂层主要由 HA、α-Mg、α-$CaH_2P_2O_7$ 和 $CaH_4(PO_3)_2 \cdot H_2O$ 组成。而在采用等离子喷涂层作为过渡层后，再进行后续激光重熔处理，涂层的相组成为 HA 和 $Ca_3(PO_4)_2$(图 10.6)，HA 和 $Ca_3(PO_4)_2$ 都是具有良好的生物相容性和生物活性的生物材料，这就保证了涂层具有良好的生物性能，而且不存在基体镁对涂层的稀释影响，从而使镁合金表面的耐蚀性和生物相容性得到改善。

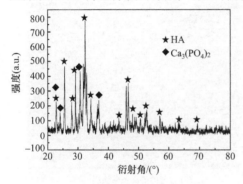

图 10.6　激光重熔涂层 X 射线衍射谱

对涂层横截面显微组织进一步分析，如图 10.7 所示。其中，图 10.7(a) 为激光重熔涂层的横截面形貌，由重熔层、等离子层及基体(镁合金)三区构成，各层之间界面结合良好，无夹渣、气孔等缺陷。图 10.7(b)为重熔层的显微组织，其组织为细小的柱状微晶，这是因为经激光重熔后，原等离子涂层发生重新熔化和结晶，形成细小致密的柱状晶，相对于等离子喷涂层而言激光重熔涂层表面组织更加致密。

对样品横截面进行元素线扫描，结果如图 10.7(c)所示。由图可知，Mg 元素在基体中的分布最高，然后含量骤降，在等离子喷涂层和基体的界面处存在微量的 Mg 元素，在等离子喷涂层和激光重熔层中几乎没有 Mg 元素存在；Ca、P 元素在基体及界面处几乎没有分布，而在等离子喷涂层和激光重熔层中大量存在；O、C 元素也主要分布在等离子喷涂层和激光重熔层中。可以看出，Ca、P、O、C 元素在重熔层中的大量分布为形成具有生物活性的 HA 提供了保证。另外，由图还可以看出重熔层的 Ca、P 比等离子喷涂层含量高一些，这可能是由等离子喷涂经激光重熔后续处理导致的 H、O 含量降低所致。

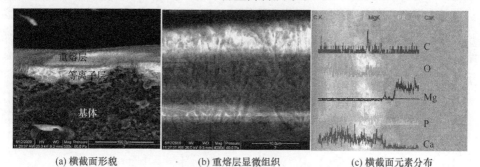

(a) 横截面形貌　　　(b) 重熔层显微组织　　　(c) 横截面元素分布

图 10.7　激光重熔层的显微组织及元素分布

3. 激光重熔涂层力学性能分析

作为人体硬组织修复和替代的植入材料的主要功能是承受和传递载荷，肌肉通过多点连接于骨骼，使作用于骨骼系统的力呈多点分布，故应力场是十分复杂的。骨的结构与应力场密切相关，尽可能小的干扰力的传递模式是任何植入这一系统的材料最重要的功能特点之一。因此，生物活性陶瓷涂层的力学性能指标如涂层的耐磨性、杨氏弹性模量等显得非常重要。

本章同样利用动态超显微硬度计对涂层的弹性模量和硬度进行分析。涂层内部的微观结构相变、应力、颗粒熔化状态、扁平效果、缺陷等因素的协同效应，使得弹性模量数据分布呈现一定程度的离散性和随机性；缺陷存在的地方有降低力学性能的趋势，而致密的部位有提高力学性能的倾向。因此，与维氏显微硬度测试法相比，动态超显微硬度计更能真实地反映出这种微观结构的细微差别。

涂层弹性模量测试时的载荷和深度曲线如图 10.8 所示，经测量得到涂层的弹性模量约为 50GPa，由表 9.2 可知，致密骨的弹性模量为 3.9~11.7GPa，牙本质的弹性模量为 18.2GPa，而制备的涂层的弹性模量平均值为 50GPa，虽然与人体致密骨、牙本质、牙釉质(表 9.2)的弹性模量还相差一些，但与已临床应用的金属生物材料的弹性模量相比，已大大降低。这种结果可望在涂层植入活体后减少骨头对植入体的应力屏蔽效应，为植入后的组织匹配和力学匹配提供有利条件。

对于摩擦部件的医用金属材料，其耐磨性直接影响到植入器件的寿命，如金属人工髋关节、股骨头磨损会产生有害的金属微粒或碎屑，这些微粒有较高的能量状态，容易与体液发生化学反应，导致磨损局部周围组织的炎症、毒性反应等。

材料的硬度可用来反映材料的耐磨性，因为硬度是材料抵抗其他物体刻划或压入其表面的能力，也可理解为在固体表面产生局部变形所需的能量。因此，可通过提高材料的硬度来改善耐磨性。图 10.9 为涂层硬度测试时的载荷-深度曲线。通过换算得到激光重熔 HA 涂层的硬度约为 455HV，比原始镁合金和等离子喷涂层都有极大提高，这主要是因为激光对涂层的二次重熔作用，使涂层表面经历快速熔化、凝固过程，涂层的组织形成细小的树枝晶，减少了等离子喷涂层的气孔等缺陷，组织致密度增加，从而使涂层硬度增加。这也是激光重熔涂层弹性模量要高于等离子喷涂层弹性模量的原因，激光重熔涂层较高的硬度提高了涂层的承载能力。

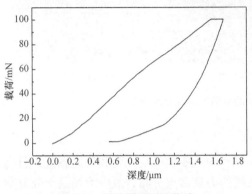

图 10.8　弹性模量测试曲线

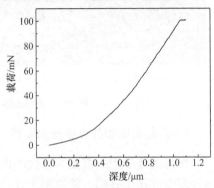

图 10.9　硬度测试曲线

4. 激光重熔涂层腐蚀性能分析

生物医用金属材料的耐生理腐蚀性是决定材料植入后成败的关键。在本书中，原始镁合金和激光重熔涂层的腐蚀曲线如图 10.10 所示。激光重熔涂层在 Hank's 模拟体液中随着浸泡时间的增加试样质量逐渐增加，这与等离子喷涂层的变化趋势一致。在浸泡第 15 天时，涂层表面仍然很完好，没出现严重腐蚀处。而原始镁合金则由于剧烈腐蚀，样品质量随着浸泡时间的增加在不断下降，直到第 15 天质量变化很大。

腐蚀的发生是一个缓慢的过程，其产物对生物机体的影响决定植入器件的使用寿命。医用金属材料植入体内后处于长期浸泡在含有机酸、碱金属或碱土金属离子(Na^+、K^+、Ca^{2+})、氯离子等构成的恒温(37℃)电解质的环境中，加之蛋白质、酶和细胞的作用，其环境异常恶劣，材料腐蚀机制复杂。医用金属材料在人体生理环境中的腐蚀有八种类型：均匀腐蚀、点腐蚀、电偶腐蚀、缝隙腐蚀、晶间腐蚀、磨蚀、疲劳腐蚀和应力腐蚀。因此，

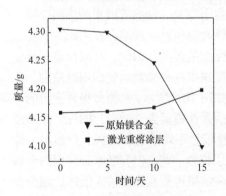

图 10.10　涂层和基体的腐蚀曲线

在设计和加工金属医用植入器件时,必须考虑上述八种腐蚀可能造成的失效。

本书中原始镁合金和激光重熔层在 Hank's 模拟体液中浸泡 12 天的腐蚀宏观形貌如图 10.11 所示。由图可知,原始镁合金主要进行了均匀腐蚀,这主要是因为电化学反应全部在暴露表面上或在大部分表面上均匀进行,在浸泡 12 天后腐蚀表面可以明显看到腐蚀洞(图 10.11(a))。而对于激光重熔 HA 涂层,由于 HA 和 β-TCP 良好的耐腐蚀性,其表面形貌变化较小,无腐蚀坑存在(图 10.11(b))。由此可知,激光重熔涂层的耐蚀性远远高于镁合金的耐蚀性。

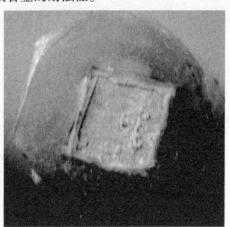

(a) 原始镁合金的腐蚀形貌　　　　　　(b) 激光重熔层的腐蚀形貌

图 10.11　原始镁合金和激光重熔层的腐蚀宏观形貌(12 天)

5. 激光重熔涂层钙磷沉积分析

本书采用 Hank's 模拟体液浸泡的方法对涂层的骨组织相容性进行表征。从材料反应角度研究 HA 涂层在浸泡过程中发生的物理化学变化,Hank's 模拟体液和人体血浆的离子浓度很相似,由于这种相似性,HA 涂层在 Hank's 模拟体液浸泡过程中,溶液中离子浓度的变化以及材料所发生的溶解、生长等过程与生物体内的生物矿化过程极为相似。而骨替代材料的生物活性正是来源于这种生物矿化过程。Hank's 模拟体液钙磷沉积实验可以有效地在体外表征该类材料在生物体内是否具有生物活性以及活性强弱,因此本书就是通过体外实验来考查涂层的生物相容性。

图 10.12 为激光重熔层在 Hank's 模拟体液中浸泡 21 天的微观形貌(图 10.12(a))。由图可知,涂层表面存在许多白色絮状沉积物,对其进行能谱分析表明,这些絮状沉积物主要由 Ca、P、C、O 元素组成(图 10.12(b)),由第 9 章分析可知此处生成的大量絮状沉积物同样为类骨碳酸磷灰石。这主要是因为所制备的复合涂层同样由 HA 组成,其化学成分、晶体结构、物理化学特性等与人体骨

骼、牙齿中的磷酸钙无机物非常相似,含有能够通过人体正常新陈代谢进行转换的 Ca、P 等,以及能够与生物组织发生键合的羟基,在植入人体后 HA 中的离子和体液中的离子会发生交换,从而在其表面形成一层新的生物磷灰石层,通过这层生物磷灰石可以和组织形成牢固的键合,因此它具有很好的生物活性。

(a) 涂层在模拟体液中浸泡的微观形貌

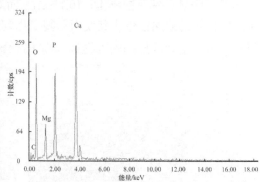
(b) 浸泡表面成分分析

图 10.12 涂层在模拟体液中浸泡的微观形貌(21 天)

6. 激光重熔涂层血液相容性分析

有资料发现[2],材料表面粗糙度小、表面自由能小、亲水性强、带有负电荷或存在微相分离结构均能降低对血浆纤维蛋白原的吸附,提高材料的抗血栓性能;另外,材料表面的一些化学基团如硫酸基、羟基等也能降低对血浆蛋白的吸附,而表现出良好的血液相容性;生物材料表面化学性质可以表现在材料的亲疏水性上,生物材料蛋白吸附的特异性和选择性对其血液相容性具有重要的影响,而这种特异性和选择性与材料的亲疏水性有关。

本书采用凝血酶原时间(PT)来评价材料的血液相容性,PT 越长,材料的抗凝血性能越好。实验测得涂层的 PT 约为 19.508s,镁合金的 PT 约为 11.025s,涂层的抗凝血性能远远高于镁合金。这主要是因为所制备的复合材料是由 HA、β-TCP 相组成的,其中 HA 为基体。HA 是亲水性化合物,表面带有羟基,β-TCP 也为亲水性化合物,因此复合材料的整体呈现亲水性且带有部分基团,再结合微相分离的微观结构,对血浆蛋白的吸附量较少,血小板难以黏附在材料的表面,最终表现出良好的血液相容性。

另外,研究发现,激光重熔 HA 涂层的 PT 比等离子喷涂 HA 涂层的 PT 要长,这可能与涂层表面的粗糙度有关。有文献表明[3],对同种材料而言,材料表面光洁度的提高有利于减少血栓的形成,粗糙程度过高的材料抗凝血性能容易下降。由 10.2.1 节可知,激光重熔涂层比等离子喷涂层表面光滑,所以激光重熔涂层的抗凝血性能比等离子喷涂层好。

7. 激光重熔涂层细胞相容性分析

目前对生物材料的细胞相容性评价的方法有两种[4]，一种是动物体内实验法，即将材料植入体内，分阶段将植入体与周围组织取出后进行组织学检查；另一种是体外细胞培养法，即将材料或其浸提液与各种细胞一起培养，以研究材料对细胞生长、附着、增殖及代谢方面的影响。Johnson 认为在区别生物材料对细胞影响方面，体外细胞培养法比动物体内实验法更为敏感直观。成骨细胞作为骨组织的主要功能细胞，承担着骨的修复和改建功能，因此成骨细胞接种在生物材料，尤其是硬组织替代材料表面的形态及功能变化，可客观反映该替代材料的细胞相容性，较之其他细胞如成纤维细胞更灵敏可靠。体外成骨细胞培养法可从细胞水平、分子水平探讨材料和骨细胞之间的相互作用关系，为综合评价材料的骨细胞相容性提供了有价值的实验模型。

本实验研究将成骨细胞接种在 HA 生物陶瓷涂层表面，使植入材料与骨组织的主要功能细胞——成骨细胞相接触，不仅可以考查材料对细胞的影响，而且有助于考查材料与细胞间的相互作用，从更深层次探讨材料-细胞界面结合机制，使其结果与体内实验更加吻合。细胞在材料表面的附着是成骨细胞在材料表面发挥功能的前提。

由于本书是在 HA 涂层表面进行细胞培养实验，由前面所述可知，HA 具有同人体骨骼、牙齿极为相似的化学成分和孔隙结构，当其植入人体后所含有的钙、磷成分在机体中可以产生轻微的溶解，溶解的钙、磷与周围骨组织的钙离子、磷离子形成化学键，与骨原细胞紧密结合，随着时间的推移，骨原细胞逐步进入植入材料，并向骨细胞演变，因而具有很好的骨诱导性。在本实验中观察到成骨细胞均匀地铺在 HA 涂层表面(图 10.13)，呈长条形和多角形生长，细胞数量多，成群聚集多见，表面细胞皱褶较多，除较大的细胞突起外，尚有大量的细小细胞伪足，呈散射状分布于细胞四周。因此，此结果表明所制备的HA涂层是适宜成骨细胞增殖及分化的材料，具有很好的细胞相容性。

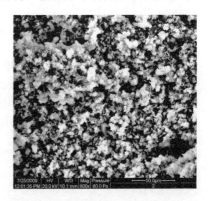

图 10.13 涂层表面的成骨细胞形态

10.2.3 结论

(1) 激光重熔等离子喷涂层表面比原等离子涂层光滑，表面显微组织为短杆状堆积结构，有利于涂层血液相容性和细胞相容性的提高；激光重熔涂层相组成为 HA 和 β-TCP，显微组织为细小的柱状晶，基体中的 Mg 对涂层没有造成稀释影响。

(2) 激光重熔涂层的弹性模量约为 50GPa，比已临床应用的医用金属材料显著降低，显微硬度约为 455HV，具有较好的耐磨性。

(3) 激光重熔涂层在模拟体液中具有很好的耐蚀性，在腐蚀 12 天后涂层表面形貌仍然较完整，无腐蚀孔洞出现。钙磷沉积实验结果表明，涂层表面生成了一种类骨碳酸磷灰石。

(4) 凝血酶原时间实验结果表明，激光重熔涂层具有较好的血液相容性；细胞毒性实验表明，经 3 天培养后，成骨细胞在涂层表面生长良好，成群聚集多见，涂层具有较好的骨诱导性。

10.3 本章小结

(1) 采用激光熔覆表面改性技术在医用镁合金表面所制备的 HA 涂层呈泪珠状，不连续，无论如何调整过渡层成分和激光工艺参数，都不能制备出连续涂层。

(2) 利用等离子喷涂 HA 涂层作为过渡层，再经激光重熔处理所制备的 HA 涂层平整，比等离子喷涂层光滑，且具有很好的耐蚀性和生物相容性。

参 考 文 献

[1] 孙旭峰. 微束等离子喷涂羟基磷灰石涂层性能的研究. 北京：北京工业大学硕士学位论文，2007.
[2] 赵萍, 赵冬梅, 孙康宁, 等. 碳纤维/碳纳米管增强磷酸钙生物复合材料的血液相容性研究. 现代生物医学进展, 2008, 8(10): 1852-1854.
[3] 徐晓宙. 生物材料学. 北京: 科学出版社, 2005.
[4] 温波, 黄颖, 徐勇忠. 氧化铝生物陶瓷骨细胞相容性研究. 吉林大学学报：医学版, 2003, 29(2): 158-160.